書山有路勤為徑，學海無涯苦作舟。

西點軍校36菁英法則

The Rules West Point

打造菁英的經典課程

西點軍校所致力的教育目標，不僅是培訓一流軍官，而且是把一流的年輕人培養成真正的男子漢，培養成未來的全方位的領導人。

—— 西點校長 伊班尼迪克

每個人所受教育的精華部分，就是他自己教給自己的東西。

—— 西點軍校舶校長 A.L.米爾斯

才能出眾者，才堪擔當重任；而努力學習，刻苦訓練，是獲得才能的唯一途徑。

—— 西點學子、美國第34任總統 艾森豪

作為男人，只有對艱苦和嚴格習以為常，在困難面前才能夠盡職盡責。

—— 西點畢業生 巴頓將軍

楊雲鵬 著

「我不需要一個才華橫溢的班子，我要的是忠誠和執行。」

——巴頓 將軍

前言

西點軍校全稱是「美國陸軍軍官學校」，建立於*1802*年*7*月*4*日。它坐落於紐約市北郊哈德遜河谷，因為學校所處的位置被當地人稱為「西點」（*West Point*），所以人們也習慣於將該校稱為西點軍校。西點軍校建校*200*餘年來，培養了大批人才。很多西點畢業生成為了美國社會各領域的領袖或有著深遠影響力的人物。

西點軍校有「將軍的搖籃」之稱。西點軍校的畢業生有近四千人獲得了將軍軍銜，許多美軍名將均是該校的畢業生，如南北戰爭期間北方聯邦軍將領威廉·特庫姆塞·謝爾曼和南部聯盟軍總司令李、一戰期間遠征軍司令約翰·約瑟夫·潘興和太平洋盟軍統帥麥克阿瑟，以及巴頓將軍、史迪威將軍等。

同時，西點軍校更是造就政界、商界領袖的搖籃。美國第十八任總統格蘭特、第三十四任總統艾森豪、前國務卿黑格將軍和鮑威爾也都是西點軍校的畢業生。在世界*500*大企業裡面，西點軍校培養出來的*CEO*有一千多名，企業執行長有兩千多名，總經理級的高級管理人才有五千多名。

比較著名的有國際電話電報公司總裁艾拉斯科、國際銀行主席歐姆斯特德、軍火大王杜邦、美國汽車保險公司總經理德莫特、美國第一商務公司董事長霍夫曼、*Compass*集團總裁克里斯勞、美國線上創始人金姆塞等。西點軍校也因此被譽為「全球最優秀的職場菁英培訓學校」。此外，還有眾多的西點畢業生成為美國的教育家和科學家及各界翹楚。

西點軍校的畢業生近*200*年來對美國及世界歷史都產生了重大影響，可以毫不誇張地說：西點軍校參與撰寫了美國歷史和現代國際關係史。

難怪一位西點軍校前校長曾感嘆道：「美國的大部分歷史是由我們所培養出來的人才創造的。」

看到西點如此的成績，人們不禁好奇：到底是什麼成就了如此眾多的西點菁英？是什麼使西點畢業生成為成功者的代名詞？

眾多西點畢業生給出的答案是：西點軍校的菁英教育理念和法則讓他們有了今天的成功。

原來，西點軍校歷來不僅重視知識、學術、能力的傳授，更重視培養學生的品格、品行和品德。學員從進校的第一天起，就被灌輸西點的菁英訓條：準時、守紀、嚴格、正直、剛毅……對於西點來講，沒有知識的人是愚蠢的，沒有勇氣的人是可悲的，沒有體魄的人是可憐的，沒有品德的人則是危險的！所以，西點軍校的行為準則是「沒有任何藉口」，它告訴學員們：任何藉口都是推卸責任，即使有再多的困難，也絕對沒有不可能的事情；西點軍校強調執行能力，它教育學員們：僅僅有理想是不夠的，還必須付諸行動，如果沒有行動，理想永遠像空中樓閣、海市蜃樓那麼遙不可及；西點軍校認同「不想當將軍的士兵不是好士兵」，所以它為強者創造機會，認為機會只光顧有準備的人，有能力的人才能把握機會；「責任是一種使命」是西點軍校的思想準則，它灌輸給學員們這樣一種理念：沒有做不好的事情，只有不負責任的人，想證明自己的最好方式就是去承擔責任，並為自己的行為負責；西點軍校注意培養學員們注意細節、留心做好每一件小事的習慣，因為細節決定成敗；「學習是終生的」是西點軍校的進取準則，它讓學員們認識到：只有不斷提高自己，才能不被淘汰，做一名好士兵、好員工；西點軍校視榮譽為生命，它強調做人應坦坦蕩蕩、光明磊落；西點軍校崇尚合作精神，認為團隊的力量遠勝於個人……西點學子們正是因為忠實地追求和執行著這些法則和理念，將其作為自己立身處世的最重要的行為準則，才成就了卓越的自我，走向成功。

成功者的素質是可以培養的，菁英的人格特質是可以學習的。西點人的成功經歷就是這一觀點的最好注解。目前，西點軍校經典法則的影響力已成為全世界成功人士的共識，是渴望成功的人學習的金科玉律。西點軍校的法則對每一個渴望成功的人都具有極強的指導意義，它的每一條理念都蘊涵了發人深省的人生道理，每一條都值得我們去研究，去思考，去學習。

同時，西點軍校的法則在廣大範圍內備受推崇，被譽為「21世紀最頂尖的管理理念」，它所體現出來的愛國敬業、無私奉獻的態度、高尚的道德情操和職業素養，也讓其被越來越多的管理者和企業家所推崇。全世界有5000多家企業將其運用到企業管理中，眾多家企業在運用這些理念的過程中增強了企業凝聚力，提升了效益。目前，西點軍校的法則已經被各行各業所認同和接受，成為廣大企業家和管理者奉為圭臬的管理經典。

本書精心提煉出了「榮譽」、「忠誠」、「責任」、「服從」、「紀律」、「信念」、「意志力」、等七條西點軍校的經典法則，透過對西點人及其案例的解讀，詳細闡述了每一條西點法則所蘊含的深刻內容和重要價值。

這是一本值得所有渴望成功的讀者認真閱讀的好書，從中不僅能夠獲得人生啟示，更重要的是獲知了從普通人走向菁英階層的奧秘。學習西點人的精神及處世準則並在實踐中運用，正如西點人最終脫穎而出一樣，透過努力，你肯定也會遠離平庸，擁有一個卓越的人生。

這是一本值得所有的管理者和企業家用心研讀的管理經典，從中不僅能學到提升組織凝聚力、建設企業文化的方法，更能獲知最大限度地發揮每位員工的潛力、提升整體戰鬥力的有效策略，從而讓組織充滿活力，讓企業獲得效益。

無論你是普通員工還是企業管理人員，從本書中都能找到你所需要的精神食糧。

西點軍校36菁英法則

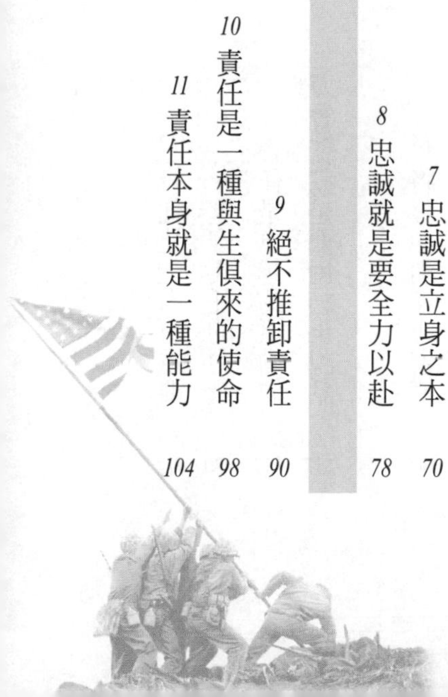

意志力／261

榮譽

1 堅守榮譽的準則

在西點，讓所有西點人最感到自豪的就是西點著名的「榮譽準則」——「每個學員絕不撒謊、欺騙或盜竊，也絕不容忍其他人這樣做」。西點培養的不僅是一名軍人，還是社會的菁英。在西點，榮譽就是一切。

在西點，撒謊是最大的罪惡。西點在*1985*年就頒發的文件，對「撒謊問題」作了如下規定：學員的每句話都應當是確切無疑的。他們的口頭或書面陳述必須保持真實性。故意欺騙或哄騙的口頭或書面陳述都是違背「榮譽準則」的。信譽與誠實緊密相關，學員必須獲得信譽。只有透過準確無誤的口頭或書面陳述，才能獲得榮譽。

在西點，學員必須保證報告在呈遞前後的準確性。假如報告上交了，後來又發現其中有不準確之處，必須儘早報告新的情況。每個人都要對自己所說或者所寫的陳述負責。只有做到客觀、準確、無誤，才能贏得榮譽。西點認為，如果學生為自身利益採取欺騙行為，或幫別人這樣做以期獲得不正當的利益，就是以欺騙方式違反了榮譽準則。

西點認為影響榮譽的欺騙行為包括：剽竊，即不加證明地引用別人的觀點、別人的話、別人的材料或工作，並將占為已有；在作業的準備、修改或校對中得到別人幫助而不加以說明；使用未經允許的筆記等。

學員必須清楚、明確地注明作業中哪些部分不是自己獨立完成的，特別要明確指出材料全部來源和各種接受援助方式。受其啟發而產生新的思路或觀點的材料，學員也要注明。學員經常處在可能偷看別人作業的環境中完成評分的作業。學員必須知道，即使僅僅是為了驗證自己作業正確與否而去看別人的作業，也是違反榮譽準則的。學員如果無意中看了別人的作業，尤其是評分作業，必須把情況向教員說明。

軍營的嚴密生活環境和學員彼此間形成的信譽，是學員生活中不可改變的兩個方面。榮譽準則和制度培養了友誼

在西點，讓所有西點人最感到自豪的就是西點著名的「榮譽準則」——「每個學員絕不撒謊、欺騙或盜竊，也絕不容忍其他人這樣做」。西點培養的不僅是一名優秀的軍人，更是社會的菁英。在西點，榮譽就是一切。

和信任，保證了嚴密的軍營中門不上鎖，學員不用擔心自己的財產被偷走。在西點人的眼裡：信任，本身對你就是一種尊重，而你利用了別人對你的尊重，這是一件讓人不齒的事。你不但會因此失去眼前的一切，也許你失去的會是一生的名聲。在一個團體裡，彼此信任可以促成一種安全感的形成，也會使每一個成員把更多的精力投入到工作中，更願意為團體的榮譽奮鬥。

西點的榮譽制度比紀律規定更有權威、更嚴厲。背離榮譽原則的處罰也比違反紀律的處罰來得嚴重。

1966 屆有一位不幸的新學員，由於過不慣冷峻單調的生活而心慌意亂，跑去參加一個學員的宗教團體晚會，想在那裡找到幾小時的安慰。其實，按照章程規定他是有權參加這個聚會的。但是他以為自己是不可以去的，於是偷偷在缺席卡上填了「批准缺席」。

晚上回到宿舍後，他回顧了自己的所作所為，左思右想總覺得自己犯了罪。於是，他向學員榮譽代表坦白交代了。也是在這個時候，他才知道自己是有權參加那個聚會的。

但是一切都已經晚了，雖然他的行為一點也沒有違反校規，但榮譽委員會認為他有違反榮譽準則的動機，因而有錯，第二天他就被開除了。

西點的榮譽，是不容任何違背和挑釁的榮譽。

「為榮譽而戰！」這是每一個身在戰場上的海軍陸戰隊隊員心中最激昂最響亮的聲音，也是海軍陸戰隊不斷刷新戰績的原因所在。不論在和平年代還是在戰爭年代，海軍陸戰隊所承受的艱難困苦，在所有美國部隊中都是最多的。從新兵訓練營的那一刻起，艱苦的生活和巨大的壓力就時刻伴隨著每一個陸戰隊隊員。軍官的訓練更苦，時間更長，而且軍官的淘汰率高達50%！

這支隊伍也因此英雄輩出。帶領海軍陸戰隊贏得1805年4月27日那場戰爭的尼維爾・奧班納，是海軍陸戰隊的第一位英雄，雖然他沒有得到任何勳章，但他贏得了陸戰隊隊員永遠的欽佩。塞密德雷也是一位英雄，16歲作為海軍陸戰隊的一名軍官參加戰爭，就獲得兩枚榮譽勳章，他試圖退回一枚，但最後還是不得不接受了。

普勒不僅是英雄，甚至被稱做了「聖人」，他從二等兵一直升到中將，先後贏得5枚海軍十字勳章，他還常常被視為「永遠忠誠」的化身。阿齊伯德・亨德森沒有得到過令人羨慕的勳章，但他卻在一個關卡守衛長達39年，最後76歲時死於哨所上。

這支隊伍之所以如此優秀，是因為有每一個海軍陸戰隊官兵自始至終捍衛著海軍陸戰隊的榮譽。他們英勇善戰，在極其艱苦的條件下，以巨大的個人犧牲精神，捍衛祖國的利益。尤其是在第二次世界大戰中，他們的英勇表現，更是給了那些精於算計的，試圖取消海軍陸戰隊的人當頭一棒。海軍陸戰隊成為美國所有軍隊中唯一把他們的規模、結構和任務寫進法律的部隊！1947年頒佈的美國國家安全法中，明確規定海軍陸戰隊必須包括至少3個陸戰師和至少3個

空軍大隊外加適當的支援部隊。

今天，海軍陸戰隊依然是美國王牌軍，被視為美國稱霸世界的馬前卒。

「為榮譽而戰！」這是多麼感人的聲音啊。如果這個聲音放在工作中，那就是——「為榮譽而工作！」

努力工作，在捍衛企業榮譽的同時，也樹立了你自己的榮譽，受到別人的尊重。這裡有一個關於種花人的故事，它正說明了這個道理。

有一個人，生下來就雙目失明，為了生存，他繼承了父親的職業——種花。他從來沒有看到花是什麼樣子。別人說花是嬌美而芬芳的，他有空時就用手指尖觸摸花朵、感受花朵，或者用鼻尖去嗅花香。他用心靈去感受花朵，用心靈繪出花的美麗。

他對花的熱愛超出所有人，每天都定時給花澆水，施肥、拔草、除蟲。在下雨的時候，他寧可淋著，也要給花撐把傘；炎熱的夏天，他曬著，卻要給花遮陽光；颳風時，他頂著狂風，卻要用身體為花遮擋……

不就是花嗎，值得這麼呵護嗎？不就是種花嗎，值得那麼投入嗎？很多人甚至認為他是個瘋子。

「我是一個種花的人，我得全心投入到種花中去，這是種花人的榮譽！」他對不解的人說。正因為他為了榮譽而種花，他的花比其他所有花農的花都開得好，很受人歡迎。

為榮譽而工作，就是自動自發，最完美地履行你的責任，讓努力成為一種習慣。責任是一種精神，責任即榮譽。責任來自於對團體的珍惜和熱愛，來自於對團體每個成員的負責，來自於自我的一種認定，來自於生命對自身不斷超越的渴求——責任是人性的昇華。

郵差弗雷德完美地詮釋了這一點：

第一次遇見弗雷德，是在我買下新居不久。遷入新居幾天後，有人敲門來訪，我打開房門一看，外面站著一位郵差。

「早安，桑布恩先生！」他說起話來有種興高采烈的勁頭，「我的名字是弗雷德，是這裡的郵差。我順道來看看，向您表示歡迎，介紹一下我自己，同時也希望能對您有所瞭解，比如您所從事的行業。」

弗雷德中等身材，蓄著一撮小鬍子，相貌很普通。但儘管外貌沒有任何出奇之處，他的真誠和熱情卻溢於言表。這真讓人驚訝。我收了一輩子的郵件，還從來沒見過郵差做這樣的自我介紹，但這確實使我心中一暖。

馬克・桑布恩與郵差弗雷德就這樣認識了，弗雷德的熱情給他留下了深刻的印象。接下來，馬克・桑布恩出差，從外地趕回來時，郵差弗雷德的一個小小的舉動，讓桑布恩感覺到了更多的溫暖。

兩週後，我出差回來，剛把鑰匙插進鎖眼，突然發現門口的擦鞋墊不見了。我想不通，難道在丹佛連個鞋墊都有人偷？不太可能。轉頭一看，鞋墊跑到門廊的角落裡了，下面還遮著什麼東西。

事情是這樣的：在我出差的時候，美國聯合遞送公司（*UPS*）誤投了我的一個包裹，放到沿街再向前第五家的門廊上。幸運的是，我有郵差弗雷德。看到我的包裹送錯了地方，他就把它撿起來，送到我的住處藏好，還在上面留了張紙條，解釋事情的來龍去脈，又費心用鞋墊把它遮住，以避人耳目。

弗雷德已經不僅僅是在送信，他現在做的是*UPS*分內應該做好的事！

郵差成千上萬，對於他們中的大多數，它又是「一份工作」；對於某些人，它可能是一個讓人喜歡的職業；但只對少數幾個弗雷德，送信才成為一件使命，成為一種榮譽，這種榮譽，來自於對工作的責任感。

綜觀古今，那些在工作中作出傑出成就的人無一不深愛著自己的工作，忠誠於自己的工作，將工作中的榮譽當成自己人生中最大的獎賞。

護士這一行業最高榮譽是南丁格爾獎。南丁格爾是一個英國人，是現代護理工作的創始人。*1860*年*6*月*24*日，她將英國各界人士為表彰她的功勳而捐贈的鉅款作為「南丁格爾基金」，表彰那些作出突出貢獻的護士。如今全世界都以5月12日為護士節紀念她。

還有曾獲諾貝爾和平獎的德蘭修女，在印度以及全世界都享有崇高的聲譽。諾貝爾獎評委會說：「她（德蘭修女）的事業有一個重要的特點，尊重人的個性，尊重人的天賦價值。那些最孤獨的人、處境最悲慘的人，得到了她真誠的關懷和照料。這種情操發自她對人的尊重，完全沒有居高施捨的姿態。她個人成功地彌合了富國與窮國之間的鴻溝，她以尊重人類尊嚴的觀念在兩者之間建設了一座橋樑。」

德蘭修女和南丁格爾並沒有因為自己的工作卑微而輕視它，相反她們對之投入無限的熱忱和忠誠，她們獲得的榮譽就是對她們工作的最高獎勵，也是對她們所追求理想的回報。她們獲得了所有人的尊敬和信賴。

在某天的一個中午，羅文接到一份通知，命令他向瓦格納上校報到。

到了軍部，當羅文向瓦格納上校報到時，上校嚴肅地對羅文說：「總統派你去古巴，給加西亞將軍送一封信，他在古巴東部的一個地方，我命令你把信親手交給他。信中有總統的重要指示，所以，你絕不能出絲毫的差錯！」

這時，羅文感覺到國家重擔放在他的肩上，他的胸中燃起強烈的國家榮譽感，他感到了祖國對他的信任，一想到這裡，他渾身充滿了力量。

榮譽是一個人最寶貴的財富之一，可稱之為「無形資產」。榮譽也是人奮鬥的動力，是一種實現自我價值的方式。心裡有榮譽感的人，他會為了崇高的榮譽而戰、而奮鬥，從而激發出自身的潛能，在事業中作出更大的貢獻。

2 榮譽就是你的生命

道格拉斯・麥克阿瑟，美國陸軍五星上將。1899年中學畢業後考入西點軍校，1903年以名列第一的優異成績畢業。麥克阿瑟有過50年的軍事實踐經驗，被美國國民稱之為「一代老兵」。他是「美國最年輕的準將、西點軍校最年輕的校長、美國陸軍歷史上最年輕的陸軍參謀長」，憑藉精妙的軍事謀略和敢戰敢勝的膽略，麥克阿瑟堪稱美國戰爭史上的奇才。

1962年5月，82歲的麥克阿瑟應邀來到他的母校西點軍校，接受軍校的最高獎勵—西爾維納斯・塞耶榮譽勳章。在這裡，他檢閱了學員隊，進行了自己的告別演說：

今天早晨，當我走出旅館時，看門人問道：「將軍，您上哪去？」一聽說我要去西點，他說：「您從前去過嗎？那可是個好地方！」這樣的榮譽是沒有人不深受感動的。長期以來，我

從事這個職業，又如此熱愛這個民族，能獲得這樣的榮譽簡直使我無法表達我的感情。

然而，這種獎賞主要並不意味著對個人的尊崇，而是象徵一個偉大的道德準則：捍衛這塊可愛土地上的文化與古老傳統的那些人的行為與品質的準則。

這就是這個大獎章的意義。

無論現在還是將來，它都是美國軍人道德標準的一種體現。

「榮譽就是你的生命」這種理念賦予了西點畢業生熱情、自豪和卓越的領導能力。西點的畢業生無論是在哪個行業，哪怕是最低的薪水，他們也會覺得自己是這一偉大事業中很重要的一份子。

我一定要遵循這個標準，結合崇高的理想，喚起自豪感，同時始終保持謙虛……

責任「榮譽」國家，這三個神聖的名詞莊嚴地提醒你應該成為怎樣的人，可能成為怎樣的人，一定要成為怎樣的人。

它們將使你精神振奮，在你似乎喪失勇氣時鼓起勇氣，似乎沒有理由相信時重建信念，幾乎絕望時產生希望。

遺憾得很，我既沒有雄辯的詞令、詩意的想像，也沒有華麗的隱喻向你們說明它們的意義。

懷疑者一定要說它們只不過是幾個名詞，一句口號，一個浮誇的短詞。

每一個迂腐的學究，每一個蠱惑人心的政客，每一個玩世不恭的人，每一個偽君子，每一個惹是生非之徒，很遺憾，還有其他個性不甚正常的人，一定企圖貶低它們，甚至對它們進行愚弄和嘲笑。

但這些名詞確能做到：塑造你的基本特性，使你將來成為國防衛士；使你堅強起來，認清自己的懦弱，並勇敢地面對自己的膽怯。

它們教導你在失敗時要自尊，要不屈不撓；

勝利時要謙和，不要以言語代替行動，不要貪圖舒適；

要面對重壓和困難，勇敢地接受挑戰；

要學會巍然屹立於風浪之中，但對遇難者要寄予同情；

要先律己而後律人；

要有純潔的心靈和崇高的目標；

要學會笑，但不要忘記怎麼哭；

要嚮往未來，但不可忽略過去；

要為人持重，但不可過於嚴肅；

要謙虛，銘記真正偉大的純樸，真正智慧的虛心，真正強大的溫順。

它們賦予你意志的韌性，想像的品質，感情的活力，從生命的深處煥發精神，以勇敢的姿態克服膽怯，甘於冒險而不貪圖安逸。

它們在你們心中創造奇妙的意想不到的希望，以及生命的靈感與歡樂。

它們就是以這種方式教導你們成為軍人和君子。

你所率領的是哪一類士兵？他可靠嗎？勇敢嗎？他有能力贏得勝利嗎？

他的故事你全都熟悉，那是一個美國士兵的故事。

我對他的估價是多年前在戰場上形成的，至今沒有改變。

那時，我把他看作是世界上最高尚的人；現在，我仍然這樣看他。他不僅是一個軍事品德最優秀的人，而且也是一個最純潔的人。

他的名字與威望是每一個美國公民的驕傲。

在青壯年時期，他獻出了一切人類所賦予的愛情與忠貞。他不需要我及其他人的頌揚，因為他已用自己的鮮血在敵人的胸前譜寫了自傳。

可是，當我想到他在災難中的堅忍，在戰火裡的勇氣，在勝利時的謙虛，我滿懷的讚美之情不禁油然而升。

他在歷史上已成為一位成功愛國者的偉大典範；他在未來將成為子孫認識解放與自由的教導者；現在，他把美德與成就獻給我們。

在數十次戰役中，在上百個戰場上，在成千堆營火旁，我親眼目睹他堅韌不拔的不朽精神，熱愛祖國的自我克制以及不可戰勝的堅定決心，這些已經把他的形象銘刻在他的人民心中。

從世界的這一端到另一端，他已經深深地為那勇敢的美酒所陶醉。

當我聽到合唱隊唱的這些歌曲，我記憶的目光看到第一次世界大戰中步履蹣跚的小隊，從濕淋淋的黃昏到細雨濛濛的黎明，在透濕的背包的重負下疲憊不堪地行軍，沉重的腳踝深深地踏在炮彈轟震過的泥濘路上，與敵人進行你死我活的戰鬥。

他們嘴唇發青，渾身污泥，在風雨中戰抖著，從家裡被趕到敵人面前，許多人還被趕到上帝的審判席上。

我不瞭解他們生得是否高貴，可我知道他們死得光榮。

他們從不猶豫，毫無怨恨，滿懷信心，嘴邊叨念著繼續戰鬥，直到看到勝利的希望才合上雙眼。

這一切都是為了它們：責任、榮譽、國家。

當我們蹣跚在尋找光明與真理的道路上時，他們一直在流血、揮汗、灑淚。

20年以後，在世界的另一邊，他們又面對著黑黝黝骯髒的散兵坑、陰森森惡臭的戰壕、濕淋淋污濁的坑道，還有那酷熱的火辣辣的陽光、疾風狂暴的傾盆大雨、荒無人煙的叢林小道。

他們忍受著與親人長期分離的痛苦煎熬、熱帶疾病的猖獗蔓延。

他們堅定果敢的防禦，他們迅速準確的攻擊，他們不屈不撓的前進，他們全面徹底的勝利！永恆的勝利！永遠伴隨著他們最後在血泊中的戰鬥。

在戰鬥中，那些蒼白憔悴的人們的目光始終莊嚴地跟隨著責任「榮譽」國家的口號。

這幾個名詞包含著最高的道德準則，並將經受任何為提高人類道德水準而傳播的倫理或哲學的檢驗。

它所提倡的是正確的事物，它所制止的是謬誤的東西。

高於眾人之上的戰士要履行宗教修煉的最偉大行為——犧牲。

在戰鬥中，面對著危險與死亡，他顯示出造物主按照自己意願創造人類時所賦予的品質。只有神明能幫助他、支持他，這是任何肉體的勇敢與動物的本能都代替不了的。無論戰爭如何恐怖，召之即來的戰士準備為國捐軀是人類最崇高的進化。

我的生命已近黃昏，暮色已經降臨，我昔日的風采和榮譽已經消失。

它們隨著對昔日事業的憧憬，帶著那餘暉消失了。

昔日的記憶奇妙而美好，浸透了眼淚和昨日微笑的安慰和撫愛。

我盡力但徒然地傾聽，渴望聽到吹奏起床號那微弱而迷人的旋律，以及遠處戰鼓急促敲擊的動人節奏。

我在夢幻中依稀又聽到了大炮在轟鳴，又聽到了滑膛槍在鳴放，又聽到了戰場上那陌生、哀愁的呻吟。

然而，晚年的回憶經常將我帶回到西點軍校。

我的耳旁迴響著，反覆迴響著：責任「榮譽」國家。

今天是我對你們進行最後一次的點名。

但我願你們知道，當我到達彼岸時，我最後想的是：

學員隊，學員隊，還是學員隊。

我向大家告別。

榮譽是是職業軍人的行為標誌，也是軍事生涯的重要組成部分。西點的基本教育方針指出：責任和榮譽是軍事職業倫理觀的基本成分，它們鼓舞並指導畢業生努力報效國家。榮譽產生著某種完美觀念的作用，這一作用既可以使愛國主義精神長存，又可以提供一種度量責任履行程度的天平。這無疑充分說明了榮譽在這三者之間的重要性，榮譽肩挑著責任和國家。

西點把榮譽看得非常重要，新生剛入學，首先就要接受*16*個小時的榮譽教育。之後，西點又以不同的方式將榮譽教育體系貫穿於*4*年學習生活得始終。目的就是為了讓每一個學員逐步樹立一種堅定地信念：榮譽是西點人的生命。

陸軍的菲爾將軍說：在西點軍校，榮譽制度是非常重要的，我認為，這一榮譽制度是西點軍校不同於其他學校的關鍵所在。我非常珍惜這一制度，如果我們去掉它，我寧願從後備軍官訓練團和候補軍官學校接收陸軍軍官，而把西點軍校忘掉。這就是榮譽制度的重要性。

「榮譽就是你的生命」這種理念賦予了西點畢業生熱情、自豪和卓越的領導能力。西點的畢業生無論是在哪個行業，哪怕是最低的薪水，他們也會覺得自己是這一偉大事業中很重要的一份子。

*Kom*公司總裁傑夫．錢皮恩是西點*1972*年的畢業生。他認為，「做人和做生意一樣，首先要講究正直，而正直給你帶來的榮譽也會讓你得到最大的回報。」

傑夫退役後曾在一家機器公司做銷售經理。有一段時間，他的運氣特別號，半個月就同*25*個顧客做成了生意。但是他發現他所賣的這種機器比別家公司的貴了一些。他想：「如果顧客知道了，一定會認為我在欺騙他們，會對我的信譽產生懷疑。」他為此深感不安，立即帶著合約和訂單，逐家拜訪客戶，如實地向客戶說明情況，並請客戶重新選擇。

他的行動讓每一位客戶都很感動，為他帶了良好的榮譽。大家都認為他是一個正直、值得信賴的人。結果，25個客戶中沒有一個人解除合約，反而給他帶來了更多的客戶。

傑夫冒著解除合約、蒙受利益損失的風險，用自己的正直、誠信維護了個人的榮譽。正是因為他看重自己的榮譽，才獲得了客戶更多的信任與尊重，非但沒有蒙受損失，還獲得了更多的客戶。

維多利亞・柯羅娜的丈夫曾宣誓效忠西班牙王室。所以當義大利的王公貴族們勸說他離開西班牙的時候，他非常的猶豫，畢竟自己已經發誓要效忠西班牙王室。這個時候，維多利亞寫信給他：「牢記你的榮譽，正是因為有它，你才高過國王。擁有這種榮譽，便是擁有了真正的輝煌，而完全無需任何頭銜和點綴。如果這種輝煌能夠不受任何玷污傳給子孫後代，你會真正感到幸福和光榮。」

英國詩人拜倫有兩句詩道，「情願把光榮加冕在一天，不情願無聲無息地過一世！」

榮譽就是正直的人的嫁妝，就是甘美的報酬，就是加於廉潔無私的愛國者那思慮深重的頭上或是勝利的勇士那飽經風霜的頭上閃光的桂冠。

西點認為，榮譽教育可以激發學員的榮譽感和責任感，可以化作強烈的內在動力，幫助每個學員完成學業，取得成就，進而影響學員的一生。

在西點，只要有人得到全校性的前列排名，如跑步、射擊、外語等的冠軍，就能成為學校

的明星。榮譽、獎勵、機會、權利就會源源不斷的降臨在他的身上，他的未來也會因此跟其他的學生不一樣。很多美軍裡叱吒風雲的名將，當年都是西點軍校裡某一項乃至綜合排名的佼佼者。其中，最出名的就是各門全優的麥克阿瑟。

作為一個特殊的榮譽，凡是排名在前百分之五的最佳西點軍校畢業生，都會在畢業典禮上得到由美國總統或美軍最高首長直接授予畢業證書。西點人知道，榮譽的光輝可以照射一個人的一生。榮譽是人生中的最大資本，有了它，你才可以贏得別人的信任和尊敬。一個名譽掃地的人，會得到大多數人的排斥，很難樹立良好的個人形象，維護和諧的社會關係。

年輕人絕不能為向某種低下的社會道德讓步而放棄自己的榮譽道德準則。成功之樹需要我們用完善的品德去澆灌才能收穫果實。有時不是我們缺乏成功的機會，而是我們沒有強迫自己去修煉自身的品格，來把握這些機會。

3 為榮譽而戰鬥

西點軍校一向以培養最優秀的領導人才為己任，希望學員們追求崇高遠大的目標，努力做好手頭的工作。自1802年創校以來，西點就建立了一套獨特的教學體系，希望「教人以品德」，培養出具有崇高使命感的優秀軍人與傑出領導人才。

對於西點的課程，我們與其說它是一種策略或目標，不如說它是一套價值理念的哲學與實踐。西點的教育課程範圍很廣，體系嚴格，涵蓋了學員身體、知識和心靈的方方面面，希冀以此培養出一個健全勇敢、有使命感的軍官。

與許多人所想像的四肢發達、頭腦簡單的形象相反，西點的士兵們思考得很周到、很細膩，經常把國家、人民、社會這些事關重大的使命放在心頭。西點的教官們認為，並不是只有少數人天生具有當領導的特質，而是每個人都有成為領導者的潛力。西點的主要任務就是把這

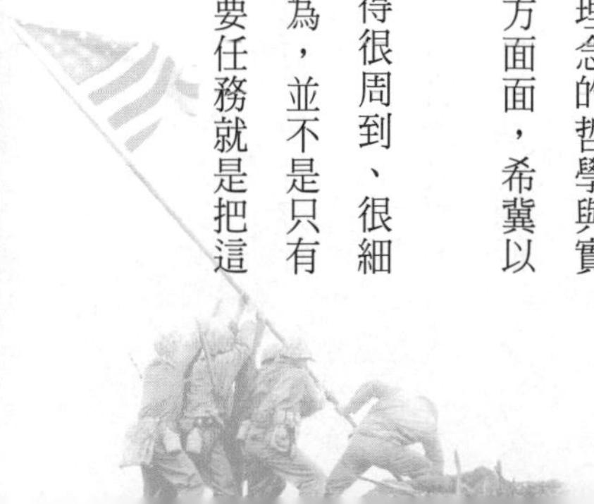

種潛力開發出來。

*1979*年*2*月*20*日，西點軍校校長A・J・古德帕斯特中將帶領全校教職員工修訂了教育方針的總論。

教育方針的總論規範了西點軍校的使命：培養的每一名畢業生具備一名陸軍軍官所必需的性格、領導才能、智力基礎和其他方面的能力，以便更好地效力國家，並且具備不斷進步的能力，繼續發展自己。

為完成這項使命，西點確定和完善了融智能、軍事、體魄、道德倫理為一體的全面教育方針。這四個方面的教育方針較為準確地描述了西點軍校為教育、訓練和激勵學員所實施的計畫。四個方面是完整的一體，每一方面的內容都可以為其他方面進行充實和補充。因此，具體的課程設置既要考慮到良好的本科教育，又要考慮到受陸軍的人文和技術複雜性支配的要求。學員既接受持續的軍事項目教育，又可以獲得多種機會，提高理想軍官所必須具備的領導能力。而體育計畫則把體質訓練和體育教育緊密結合，以培養適應軍隊對身體條件的特別要求，以及在職業中進行模範服務所需的種種能力和品質。貫穿在上述各項教育之中的，是對每一個學員進行積極進取的道德精神品質的培養。

儘管西點軍校的教育方針是較為系統的，但學校不期望學員以一種刻板的模式被動地來適應這種教育方針，而是期望以一種持續的、師生雙方共同努力的、聯合實現教育方針的形式，順利實現培養目標。軍校強化的中心任務之一，就是使4個年級的學員與他們的教育、訓練和領導者之間建立互相合作的關係。塞耶是做出這種努力的先驅，繼任的優秀者無不想方設法在構築這種良好的合作關係上投入精力。在一些重要領域，諸如學員的學習態度、教官的戰術以及學員自覺遵守榮譽準則和基本方針等方面，軍校著力克服一種劃分「我們與他們」的潛在意識，從而把軍校變成共同的軍校，把陸軍變成我們的陸軍，把國家變成我們的國家。由此及彼，透過共同關心軍校，達到關心國家和發展個人的雙重使命。

由於入學標準嚴格，只有那些真正顯示出堅強的性格特徵、高水準的智慧、軍事和體魄潛力的報考者才能有機會成為西點軍校的學員。在接受這一機會的同時，考入者也就獲得了迎接挑戰的機會，一種為達到最佳水準奮鬥的機會，一種承負更重責任的機會。雖然只有極少數學員能夠取得最佳成績，而且不會是每一方面都達到最佳，但學校仍然堅持要求所有的學員向最佳方向努力，並在各自的成長過程中，認識自身相對能力和極限，特

西點軍校一向以培養最優秀的領導人才為己任，希望學員們追求崇高遠大的目標，努力做好手頭的工作。

別是認清自身未來要肩負的責任。西點認為，建立起一種達到最佳的追求精神比建立起一套測定能力的標準更為重要。這種精神成為西點人承擔責任和做出最大貢獻的試金石。

達到最佳水準，是經過不斷超越自身而實現的。西點一直努力為學員超越自身創造各種條件。他們引導學員正確認識自己的長處和弱點，並學會揚長避短，由此建立和鞏固自己的優勢，使強項更強，弱項相對更弱。在學員所做出的各種努力中，除了怎樣支配時間和資源以外，學員必須加強在錯綜複雜的思考基礎上做出合理的判斷。

第二次世界大戰前，美國向全世界發表宣言，表達自己的政治主張和發展戰略。這個時候，西點軍人看到了自己的責任，看到了自己的使命。他們似乎披尖執銳地佇立了很久，似乎在靜靜地等待著召喚。幾乎每個學員都充滿了成就感、責任感、使命感，並為這種召喚做著準備。

「現在輪到我了。」一位西點人如是說。

西點人的獨特的方式和手段，營造了一種成就氛圍，一種類似「以天下為己任」的群體氛圍。

這種使命感使每個西點人對工作充滿了責任與熱愛，努力追求卓越，不敢有絲毫懈怠。

一名西點校友的真實回憶：

「每一個從西點畢業的人都懷有這種使命感。在西點畢業30年之後的一天，我在五角大樓一間辦公室裡與我兩個最好的朋友喝著咖啡。一個是西點同學湯姆・溫斯坦，另一個是經由預官訓練隊加入陸軍的鮑勃・黎斯凱西。這時我們都已是三星將領，都感嘆著我們在華府——無論在五角大樓或在國會山——會碰到這麼多一心只想往上鑽營的人。

「湯姆是個精明的人，這時他擔任陸軍情報署署長。我問他：『你為什麼還是謹守著那套別人都不當回事的倫理與道德標準而活著？為什麼不像別人那樣也去鑽營高位？』

「他想了一下才答覆這個問題：『當我進西點的時候，我只是個來自新澤西州、什麼都不懂的小孩。我們在西點的四年裡，他們教給我們的那套玩意兒你都還記得嗎？好，我告訴你，我真的相信那套玩意兒。』

「是的，我也相信，那就是責任、榮譽、國家。」

西點人就是這樣，哪怕退了役，進入了商界，仍把責任、榮譽和公司效益聯繫起來，視之為自己的使命，追求更完美的境界。如果一個人缺乏為榮譽而戰鬥的精神，其表現之糟、業績之差可想而知。

早晨的鬧鈴響了好幾遍，尚佳食品公司的銷售人員文生才從床上掙扎起來，腦子裡第一個感覺就是：痛苦的一天又開始了。他匆匆忙忙地趕往公司，早餐也顧不上吃。跨入公司大門，還是神情恍惚，坐在會議室，睡意矇矓地聽著經理安排工作……一天的痛苦工作之旅就這樣開始了。

文生上午拜訪客戶，結果遭到拒絕和冷遇，心情簡直糟透了，彷彿世界末日即將來臨。下午下班前回到公司填工作報表，胡亂寫上幾筆湊合一下交差……一天就這樣結束了。

平時沒有花時間學習，從不好好去研究自己的產品和競爭對手的產品，沒有明確的計畫和目標，從不反省自己一天做了些什麼，有哪些經驗、教訓，從不認真去想一想顧客為什麼會拒絕，有沒有更好的方法去解決，當一天和尚撞一天鐘，混一天算一天……這就是文生真實的工作寫照。

到了月底一發薪資，才這麼點，真沒意思，看來該換地方了，於是文生很率性地炒了老闆的魷魚。一年下來，他換了五、六個公司。日復一日、年復一年，時間就這樣耗盡了，一無所獲，一事無成，一窮二白。

像文生這樣毫無榮譽感，整天混日子的人，又怎麼能讓自己生存得好一些呢？精神決定行動，工作是生存的必須，如果一個人能夠把努力工作看作一項責任和榮譽的話，他就能比較容易地在工作中發揮自己的聰明才智和自身的潛能，從而盡自己的才幹做正直而純潔的事情。在工作中努力盡職、一以貫之的人，獲得晉升將是必然的。不要羨慕那些薪水很微薄但忽然被提升到重要職位上的員工，因為他們在工作中付出了切實的努力，有一種追求榮譽的態度，並獲得了充分的經驗，這些便是他們忽然獲得晉升的原因。

畢業於西點的億萬富翁威廉・B・富蘭克林始終這樣認為：「透過工作中的耳濡目染獲得大量的知識和經濟，這將是工作給予你的最有價值的報酬。另外，榮譽重於一切，如果丟失了它，就等於甘做薪水的奴隸，就丟失了靈魂。」每個西點人都有一個共性，那就是榮譽高於生命！

無論是哪個組織、團隊、單位都要定期地舉辦一些體育比賽活動，為什麼？這有利幹大家的團體榮譽感的激發。即使是平時消極沉默的人，在那個時候也能爆發出驚人的力量。西點要求每個學員都是運動員，就是基於這點考慮的。為什麼當你做出成績的時候，你會感覺不到疲勞？這就是榮譽的激發作用。一個人如果時刻具有榮譽感和責任感，他就能發揮自身的主動性，做出出色的成績。只有這樣，才能在生存的競技賽中脫穎而出。

4 榮譽就是「我為人人」

每個走進西點軍校的新學員都要參加宣誓儀式，他們的誓詞是：「為了保衛我們的國家和生活方式，準備獻出生命。」

畢業任職的時候，西點學員還要進行宣誓，誓詞是：「我莊嚴宣誓支持和捍衛美國憲法，反對一切國內外敵人。我保證對美國憲法忠貞不渝……我將徹底而忠實地履行我即將擔負的職責。願上帝為我作證。」

祖國，是西點人心中的聖碑。

西點軍人永遠忠於自己的國家。他們永遠都不會忘記甘迺迪總統的話：「不要問國家給了你什麼，問問你自己，你給了國家什麼？」

西點在「新學員父母參考」中明確寫道：

您的兒子選擇進入美國陸軍軍官學校，就是選擇做出犧牲，儘管他還不知道這犧牲對他意味著什麼。在全國各地其他院校的校園裡，大學生的生活方式正在很快地改變，然而，選擇了西點軍校是不會受這種變化影響的。

選擇了當兵，就意味著奉獻與忠誠，選擇了西點，就選擇了犧牲與執著。把國家放在心中的西點人很重視國旗意識的培養。每年*7*月*14*日，是美國國旗日，西點學員要對國旗宣誓：「忠於美利堅合眾國國旗，忠於它所代表的合眾國——蒼天之下不可分割的國家，在這裡人人享有自由和正義。」

史迪威說：「口誦誓詞，心裡升起一種神聖感，每句話都好像注入了我沸騰的熱血之中……」曾五次來中國，並在中國生活和

工作了13個春秋的史迪威上將，在抗日戰爭中任盟軍中國戰區參謀長、中緬印戰區美軍司令，他回憶了第一次在西點參加國旗宣誓日時的情景，仍十會激動。

在西點對國旗的敬重寫入了相關規定當中。

升國旗時，西點學員在室內除向上級報告外，應保持立正姿勢，不得嬉笑。在室外，學員穿軍裝時應行舉手禮，穿便服時應將右手放在胸前。

舉行儀式時，正在行駛的車輛要停下來。乘客和司機應下車並表示適當的禮節。

參加儀式時，女軍人可以不取下頭飾，但必須表現出莊重的神情。

對於西點人來說，國旗是國家的標誌，是民族的象徵，對待國旗的態度就是對待國家的態度。為強化國旗觀念，西點在許多重要場合都懸掛國旗，要求學員經常表現對國旗的敬意，經常想到祖國。

美國法律規定，「營區國旗」長19英尺，寬10英尺，平日懸掛在營區的突出位置。在西點，每個人，尤其是學員，面對國旗時必須表現出充分的敬意，不斷強化國旗意識。

當然，學員並非一進入西點就是不朽的愛國者，愛國精神也不一定是他們來到西點的首要原因。追求挑戰的需求、自我提高的渴望、到頂尖院校深造的希望、滿足父母的願望……這些因素往往在新學員開始西點生涯時產生重要的作用。老實說，對任何不盲目崇拜的年輕人男女而言，熱愛自己的國家乍聽之下似乎是老古董的事情。而且，西點軍校的教育並不包括一般人認為軍事院校應該有的那種灌輸。相反，西點人要透過一種好奇的、探究的甚至是批判的方式學習美國歷史，同時遵從這樣一種信仰：不盲目的忠誠是最可貴的；當人們獻身於某種制度時，他們的獻身精神通常伴隨著一種幫助改正這些缺陷的才華和願望。

也許與職業有關，也許與素質有關，西點軍人退伍後所從事的職業不是與軍事相關，就是與科研、探險、開發連到一起，而且他們成績斐然。

西點主張軍人不過問政治，但在第二次世界大戰之後，他們不僅增加了大量有關政治的教學內容，還在實踐中很關注政治。因此，西點軍校在培養軍事人才的同時，也滿足了政治、經濟的需要，從而力爭使每個學員都成為優秀的愛國者。

歷史證明，西點軍人的忠誠、勇敢、進取、服務祖國的精神在任何領域都是成功的重要條件。世界銀行主席、西點畢業學員喬治•歐姆斯特德，對此有深刻見解，他說明維繫羅馬的盛衰時講道：

在兩千多年前，一些卓越的首領人物和一種偉大的思想克服了交通、通訊、教育等極端匱乏、又無前例可循的困難，成功地建立起無比優越的羅馬政權，征服並占領了當時所知道的世界……這些卓越領袖人物的後裔代代相傳，但繼承人中具有創業者那種光輝氣質的人越來越少了。越來越多的人只想為自己謀私利，而不是為人民和國家服務。這樣，不到五百年，羅馬便明顯地走下坡路了，並最終滅亡了……

喬治先生的見解發人深省。西點確實為培養「光輝氣質的人」做出了努力。許多人帶著西點的座右銘「責任、榮譽、國家」，舉辦企業，經營商品，從事社會公益活動。他們自覺或不自覺地把領導國家前進的責任攬到肩上，把建設發達國家作為己任。20世紀40年代美國戰時生產局的主要成員基本都是西點名人，他們一刻也不放鬆恢復生產，掌握著國家經濟的最高命脈，為戰時美國經濟的發展做出了重要貢獻。他們以西點人的精神和魄力，使所在單位和部門普遍取得驕人成就。

美國石油協會成員說：「我們國家偉大，在很大程度上是因為我們的能源供應與使用。沒有對能源供應的控制，我們就會成為一個虛弱的大力士，一個徒有其表的泥塑巨人。」因此，他們始終從國家大局的需要出發，研究制定石油政策，受到白宮高層人士的賞識。

因此，儘管學員在踏進西點大門時血液裡並沒有湧動著愛國精神，但在畢業時，他們每個人的心中都充滿了對祖國的熱愛。經過幾年的學習，他們瞭解到了美國經歷的戰爭、付出的犧牲、深切的信仰，還有各種各樣的挑戰。在離開母校時，每個西點人都懷著深深的渴望，他們感覺到了肩負的責任，延續先輩人的生活方式，並以建設性的貢獻為後來人搭建成功的階梯。

哪怕是在軍校內部，這種奉獻精神也是隨處可見的。

喬治・林肯是西點軍校1929年的畢業生。他仕途順利，升遷迅速，38歲時就成了陸軍準將，是美國陸軍在第二次世界大戰結束時最年輕的將軍。林肯在美國陸軍總參謀部擔任過戰略規劃和計畫職務，做過馬歇爾上將的助手，曾為1945年羅斯福總統、邱吉爾首相和史達林元帥在前蘇聯雅爾達舉行的重要會議做過重要工作。

戰爭結束後的1947年，已經是少將的林肯，完全可以向老首長馬歇爾將軍要求美軍中的任何一個職務和崗位。但他竟出人意料地主動再三要求去西點軍校的社會科學系教書，給當時任系主任的一位準將銜老戰友做副主任。但西點的系副主任至多只能是上校軍銜，林肯為了能到西點社會科學系任職，不惜向上級要求連降兩級，從少將變成上校。

馬歇爾再三勸阻無效後，只得批准了林肯的請求。這段「能上能下」的佳話，顯示了林肯追求「百年育人」事業的卓越見識，和為了理想拋棄名利地位

西點軍人永遠忠於自己的國家。他們永遠都不會忘記甘迺迪總統的話：「不要問國家給了你什麼，問問你自己，你給了國家什麼？」

的出眾品格。林肯後來在西點社會科學系主任的職位上又升為準將。按美軍慣例，軍官以退休時的軍銜為最終和最高軍銜，故林肯樓裡，有關林肯的記載和牌匾都稱他為林肯準將。

在企業裡，我們應該像甘迺迪總統一樣思考：

不要問企業給了你什麼，問問你自己，你給了企業什麼？

我們選擇來到這家企業工作，就意味著接觸了企業的饋贈。在這裡，我們得到了發展的平臺、同事的幫助和客戶的認同，理應把企業視為自己的家，想著怎麼更好地回報它。同樣，企業也應該想著怎麼回報社會、服務祖國，而不是一味地賺錢。

企業是我們的發展平臺，給了我們許多東西：這裡有賞識我們的老闆，配合我們的同事，支援我們的客戶……在波瀾起伏的商海中，若沒有企業這條船，我們都無法生存。既然同是企業這條船上的員工，我們就應該共同為企業的生存考慮，為企業的共同利益考慮，而不是過多地考慮自身的利益，不要因為一己之私而使「船」沉沒。

鍾斯是一家大型滑雪娛樂公司的普通修理工。這家滑雪娛樂公司是全國首家引進人工造雪機在坡地上造雪的大型公司。

一天深夜，鍾斯照例出去巡視，突然看見有一台造雪機噴出的不是雪而是水。憑著工作經驗，鍾斯知道這種現象是由於造雪機的水量控制開關和水泵水壓開關不協調而導致的。他急忙跑到水泵坑邊，用手電筒一照，發現坑裡的水已經快漫到了動力電源的開關口，若不趕快採取措施，將會發生動力電纜短路的問題。這種情況一旦發生，將會給公司帶來嚴重損失，甚至可能傷及許多人的性命。

一想到這，鍾斯不顧個人安危，毅然跳入水泵坑中，控制住了水泵閥門，防止了水的漫延。隨後他又絞盡腦汁，把坑裡的水排盡，重新啟動造雪機開始造雪。當同事們聞訊趕過來幫忙時，鍾斯已經把問題處理妥當。但由於長時間在冷水中工作，他已經凍得走不動了。聞訊趕來的總經理派人連夜把鍾斯送入醫院，才使他轉危為安。

在企業面前，我們並非不可以關心薪酬與職位，但這種要求應該是合理的、適度的。所謂合理與適度，便是首先看你為企業做了什麼。在企業中，是老闆根據我們做了什麼而決定給我們多少薪水和什麼樣的職位，不是我們根據獲得的薪水與職位來決定我們要做什麼。許多事實表明，只有那些先做出貢獻的人才有可能獲得他人的賞識與信任，最終獲得成功。

挪威某*IT*企業是一個充滿朝氣的團隊，員工平均年齡只有*28*歲，這家企業創造了巨大的社會效益和經濟效益。這個團隊之所以有這麼旺盛的生命力，是因為企業關愛每一位員工的發展和進步，每一位員工也深愛著自己的企業，關愛著和自己朝夕相處的同事。

在這個企業成立*8*週年的慶功宴上，一位員工深情地說：「企業是一個大家庭，我就是她

的孩子，我喜歡這個家庭，並喜歡其中的每一個成員，在這8年風雨同舟的共處中，我對這個家庭產生了深深的依戀和熱愛，她以母親般的寬容，關愛著她的每一個孩子。8年來，我們和企業在彼此的關愛中，共同成長、共同進步。我願意為企業分擔責任，我忠誠於我的企業，這是我對企業的回報，也是對企業深深的愛和支持。」

有一位老員工曾這樣說：「我們永遠是海底的沙子，但只要為自己做出準確的定位，無論在哪裡都會發出你最美的光輝。我是這麼想的，我相信我們每一位同事都是這麼想的。我祝福我們的企業蒸蒸日上。我承諾，我將用我的忠誠之心來回報她對我的培養！」

企業是大家的船，是我們的家，我們每個人都應該熱愛它、建設它。我們要看到我們的工作對社會的重大意義，培養奉獻精神，擔負社會責任。

松下幸之助於1918年開始創業，經過努力，他把一個只有幾名員工的小廠慢慢發展成具有相當規模的電器公司。隨著事業的發展，松下幸之助個人及其家庭的物質生活條件不斷改善，再也不用為衣食而憂了。可這樣一來，他反倒失去了前進的動力。用他自己的話說，有了幾輩子都花不完的錢，幹嘛還要繼續努力經營公司呢？

直到1932年的某一天，松下幸之助參加了一個宗教活動，深深地被信徒們所表現出的虔誠感動了。他晚上回家後浮想聯翩，突然想到公司與宗教的相通之處：宗教滿足人們的精神需求，而公司滿足人們的物質需求，二者都是造福社會的神聖事業。企業家應該透過向顧客提供物美價廉的商品這種方式來服務社會，這才是辦公司的意義。

想到這裡，松下幸之助豁然開朗，興奮不已，「我懂得了真正的使命，心情無比激動，這同以前曾有過的無數次創新時所感覺到的喜悅心情一樣，是無法形容的。我熱血沸騰，深深感到工作的崇高和嚴肅」。

第二天上班後，松下幸之助將全體員工召集在一起，發表了熱情洋溢的講話，宣布了松下電器公司的宗旨，強調公司從此有了新的生命，並將那一天即1932年5月5日，定為公司的誕辰。此後，每年的5月5日就是松下公司正式的創業紀念日。可以說，松下公司能有今日的成就，與松下幸之助的使命感有莫大的關係。

正如某企業家所說的：「一個只知道賺錢，不懂得回饋的人，自然得不到人們的尊重，因為他只是有錢的貧窮人。」

優秀的人在取得成就的時候要想到，這些成就裡有多少是拜他人所賜，有多少是在別人的幫助下取得的，而自己又應該承擔怎樣的社會責任。一個人只有不時地想想這些問題，才能跳出工作的狹小圈子，獲得更崇高的使命感。一個人努力奮鬥如果僅僅是為了養活自己，那他的存在對社會便沒有多大的意義。

松下公司的願景是「戰勝貧窮，實現民眾富有」，微軟的願景是「讓電腦進入家庭，並

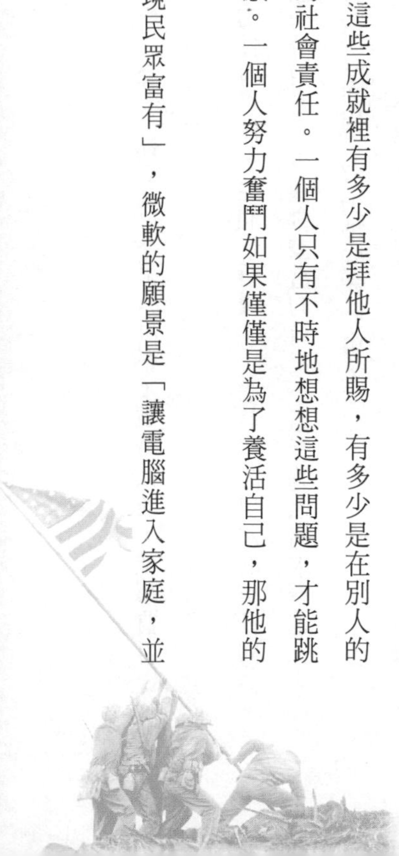

放在每一張桌子上」；福特公司的願景是「製造一輛適合大眾的汽車，價格低廉，誰都買得起」……

每一家成功公司的背後都有著沉甸甸的社會責任，他們告訴員工，應該牢記自己的責任與使命，透過自己的工作為社會的進步貢獻一份力量。有社會擔當的員工不但能夠以追求卓越、創造品牌為目標，而且在社會需要的時候能挺身而出，努力地回報社會。

如果你身處這種有社會擔當的企業，那你是幸運的。你應該像老闆和同事們一樣，懂得感恩，知道回報，積極主動地承擔屬於自己的社會責任。如果你的企業並不是一個積極主動、喜歡張揚的企業，那你也不必氣餒，因為企業的生產活動本身便是在為社會提供服務。你的每份工作都與回報社會緊密聯繫。回報社會的方式有很多種，最重要的一種是竭力做好手頭的工作，用最好的產品與服務回報社會！

忠誠

5 忠誠勝於能力

西點畢業的巴頓將軍說：「我不需要一個才華橫溢的班子，我要的是忠誠和執行力。」

西點軍校認為一個合格的美國軍官，必須是「一個無敵的戰士、一個忠誠服務於國家的僕人、一個掌握高技能的專業人才、一個有品德情操的領袖。」

一個人，不管他智慧多麼超群，也無論他的能力如何，沒有忠誠的品質，都無法為一個團體和國家貢獻他的力量。這樣的人也不可能被團體和國家接納。因為沒有一個領導不喜歡忠心耿耿的部下，沒有一個人不喜歡忠實的朋友。

華倫是一家企業的技術人員，因公司效益不好失業了，他到杜邦公司應聘。面對考題他並不擔心，外文、專業技術類考題都答得不錯。唯有第二張考卷的兩道題令他頭疼：「你所在的企業或者曾任過職的企業經營成功的訣竅是什麼？技術秘密是什麼？」

這類題對於曾在企業從事技術工作的華倫並不難，但華倫手中的筆始終落不下去。多年的職業道德在約束著他。最終華倫還是沒有答題，交了白卷，可是，兩天後，華倫被錄取了。原來，杜邦公司出這道題的用意就是要考驗應聘者的忠誠度。抵不住誘惑而出賣原公司利益的人才，杜邦是絕對不會要的。

華倫的一張忠誠的白卷為他贏得了職場的滿分。每一個企業都有著商業機密，只有大家都遵守忠誠的原則，保守商業機密，企業才能在市場中有競爭優勢。企業需要的正是華倫這樣忠誠的人。

一家著名公司的人力資源部經理說：「當我看到應聘者的簡歷上寫著一連串的工作經歷，而且是在短短的時間內，我的第一感覺就是他的工作換得太頻繁了。在這份簡歷中，我看不到他的忠誠，一個忠誠的人是不會如此頻繁跳槽的。」

有一位才華出眾的雙料博士，先修完了法律課程又修完了工程管理課程。這樣優秀的人才，理應工作順利，飛黃騰達。可是，並非如此，他最後還上了多家企業的黑名單，成為這些企業永不錄用的對象。

為什麼呢？原來，他畢業後，去了一家研究所，憑藉自己的才華，研發了一項重要技術。他覺得待遇太差，就跳槽到一家企業，並以出讓那項技術為條件做了公司的副總。不到三年，

他又帶著公司機密跳槽了。就這樣，他先後背叛了不下五家公司，以至於許多大公司都知道了他的品行，不再用他。

直到最後他才發現，受打擊最嚴重的是他自己，因為他被貼上了「不忠誠」的標籤，被多個行業的企業列入了黑名單，幾乎每一個瞭解他情況的老闆都明確表示絕對不會聘用他。

如此才華出眾的人才實屬難得，但如果聘用他，給公司帶來的損失可能會比他能創造的價值還大，相信沒有公司願意冒這個險。被貼上「不忠誠」標籤的人，即使才華再出眾也無法贏得好的事業，缺少了忠誠，誰也看不上你的才華，雙料博士之所以找不到工作，就在於他缺乏對企業的忠誠。忠誠遠遠比能力更重要，只有能力卻缺乏職業道德的人終究會讓所有企業敬而遠之。

*Jan*和*Jhon*高中畢業後來到都市，一直沒有找到工作。當口袋裡的錢所剩無幾時，他們只好來到一個建築工地上找到包工頭推銷自己。

老闆說：「我這裡目前沒有適合你們的工作，如果願意的話，倒可以在我的工地上做小工，每天給你們30塊錢。」無奈之下，兩個人同意了。

第二天，老闆給他們分配了任務——把木工釘模時落在地上的釘子撿起來。每天*Jan*和*Jhon*除吃飯的半個小時外，一刻也不歇，撿釘子。幾天下來，*Jan*暗暗算了一筆帳，發現老闆這樣做十分不合算，根本達不到節流的目的。*Jan*決定和老闆談一談這個問題，但*Jhon*極力阻止他：「還是別找老闆的好，否則我們又得失業了。」*Jan*沒同意，直接找到老闆。

「老闆，恕我直言，企業需要效益，表面看來，撿回落下的釘子是一件合理合情的事，但它實際上給您帶來的只是負值。我老老實實撿了幾天釘子，每天最多不超過十斤。這種釘子的市場價是每斤3元，這樣算下來，我一天最多只能製造30元的價值，您卻給我30元的薪資。這不僅對您是損失，對我們也不公平。如果現在您算透了這筆帳打算辭退我，請您直說。」

沒想到，老闆竟哈哈大笑起來，說：

「小夥子，你過關了！我手頭上正缺一名施工員，拾釘子這筆帳其實我也會算，我知道你們也都算出來了。我一直等著你們過來告訴我。如果一個月後你仍然不來找我，你們都將會被辭退。企業需要效益，更需要像你這樣忠於企業、一心為企業謀利益的人才，我希望你留下。至於*Jhon*，我只能說抱歉了。」

西點畢業的巴頓將軍說：「我不需要一個才華橫溢的班子，我要的是忠誠和執行力。」

擁有相同技能與經歷的*Jan*和*Jhon*，做著同樣的工作，*Jan*為什麼被老闆留下而*Jhon*沒有呢？因為*Jhon*不具備*Jan*所特有的「忠誠」。

忠誠也是一種能力，且這種能力並不是每一個人都具備的，因此對於同一件事情，忠誠和不忠的人會有截然不同的看法，而表現在外的，則是不同的行為和舉止。忠誠是一種能力！因此，忠誠的人是不會只想著自己的，他們看重的，是企業的利益或者團體的利益。而不忠的人總是對自己的利益嚴防死守，生怕損失一絲一毫，更有甚者，會為了謀取私利而出賣國家、出賣企業、出賣朋友，這樣的人，你敢用嗎？

三年前欣宜大學畢業，學的是國貿，雖是大專學歷，可在校時通過了電腦和英語中級檢定，另外還有多項獎勵證書。帶著這些證書和發表的十幾篇文章，欣宜很順利地進入了一家公司擔任秘書。

剛開始上班時，欣宜還有一股新鮮勁，可隨著日子一天天過去，整天做的就是會議紀要、打掃清潔、來客端茶這一類工讀生都可以幹的事情，加上剛來，對公司不熟悉，上司也不怎麼信任，欣宜漸漸覺得工作像白開水一樣無味。

煩躁之中，欣宜將心思告訴好友珍娜，並說想立即辭職跳槽到其他公司。珍娜思考了片刻後問欣宜：「妳認為跳槽後能找到比這更好的單位嗎？要知道妳所在的公司也算小有名氣。」

來他又建議：「妳別忙跳槽，先熟悉公司的各種管理制度管理方式，多學點東西，比如怎樣寫公文、怎樣操作和修理傳真機等。等妳學會了本事、有了本錢再跳槽也不遲，那時有了經驗身價也會有所提高。」

欣宜聽了珍娜的勸告，在公司待了一年。一年後的一個週末下午，珍娜邀欣宜坐在當初一起談心的小店，問欣宜是否決定要跳槽了。欣宜很奇怪：「我在這家公司幹得好好的，現在主管器重我，委以重任，薪資提高了，福利也好了，幹嘛要跳槽？」

欣宜的故事讓我們明白：忠誠其實也是一種能力，它是可以藉由說教慢慢培養起來，只不過這類忠誠總是用一種我們不易發現的形式表現出來，比如跳槽。頻繁跳槽其實並不能從實質上改變我們的境遇，只有提高自身的能力和素質，才能得到別人的青睞。成功離不開累積，知識需要累積，財富需要累積，人生的體驗也需要累積，而累積總是在一定的時期內才能完成的。對許多就業者來說，在一個企業待上3－4個月，對企業才剛剛瞭解，崗位的技能也才剛剛上手，這時候跳槽，對個人來說，是一種時間和精力的浪費，也是對企業的不負責任。

如今，隨著競爭的日趨激烈和個人生存能力的不斷提升，企業已經不再缺乏那些能力出眾、文武雙全的人才了，可是，我們仍然可以看到很多企業喊著招募人才的口號進行著一輪又一輪的招聘。為什麼呢？為什麼這些企業總是在不斷招聘、不斷納賢呢？為什麼本不缺少人才的它們總是遭受人才飢荒呢？原因很簡單：能者易得，忠者難求。

企業缺少的，恰恰是那些對於公司忠心耿耿、至死不渝的「忠臣」，而那些看似人才的能人，總是這山望著那山高，將企業作為自己登上更高山峰的跳板，在不斷跳槽中「實現」自身的價值。對此，企業只能藉由一輪又一輪的招聘來解決，因此，老闆們總是在搖頭嘆息：「這個社會，真是能者易得，忠者難求啊！」

能者宜得，忠者難求。連比爾・蓋茲依然曾發出過這樣的感嘆：「這個社會不缺乏有能力、有智慧的人，缺的是既有能力又忠誠的人。相比而言，員工的忠誠對於一個企業來說更重要，因為智慧和能力並不代表一個人的品質，對企業來說，忠誠比智慧更有價值。」

一個人，如果心裡有忠誠的品質，就能在工作中煥發出勃勃生機，從而激發出強烈的進取心和求知欲，透過不斷學習提高自身能力，最終成為一個德才兼備的優秀人才。

從一個名不見經傳的醫院小護士成長為跨國企業的著名職業經理人，吳士宏成長的經歷告訴我們，只要勤奮努力、不斷超越自我，不斷提升自身的業務能力，為企業作出最大的貢獻，就能贏得公司老闆的信任，獲得成功。

最初進入*IBM*，吳士宏做的是最基層辦事員的工作，具體內容就是行政勤務，俗稱是公司打雜的。然而，即使面對如此煩瑣、單調的工作，她也總是想盡辦法把它們做到最好。「一個月跑下來，腿都跑腫了。」吳士宏曾經這樣描述過那段艱難的創業歷程。

可是，面對困難，吳士宏沒有退縮，她利用業餘時間不斷學習自己工作以外的知識，不斷積極進取追求卓越，又將自己的所學所得全部用在工作之中，將工作做得完美至極。吳士宏知道：自己只有做到最好，才有機會贏得上司的關注，才會讓上級注意到自己的才華，才有可能得到上級的大力栽培。而現在自己所做的這一切，只不過是通向成功的鋪路磚而已。

就這樣，吳士宏依靠自己的不斷努力一步步走向了成功，這種努力和堅持源於她對企業不屈的忠誠。對此，吳士宏說：「我從每個經理身上都學到很多的東西，同時又把這套培養的方法像接力似的一茬一茬地傳下去，*IBM*就是這樣成長為藍色巨人的。如果沒有我的經理發現我、培養我，我的提高和提升是不可能如此快的。」

因為忠誠，吳士宏才能有如此大的動力去學習、去探索。同樣，也正是因為忠誠，吳士宏才能最終取得如此大的進步，榮升為跨國企業著名職業經理人。

忠誠是員工能力的催化劑，只有心中充滿忠誠的員工才會如此敬業，才會為了工作不斷地提升自我。忠誠能催化人的能力，但是能力卻未必能帶來忠誠。所以忠誠遠比能力更重要。

6 忠誠是一種義務

西點人認為，對於軍人來說，恐怕沒有比忠誠更加重要的品質了，它的重要性甚至超過了聽從指揮、紀律嚴明、艱苦奮鬥一類的東西。愛人有了忠誠，愛情才會牢固；朋友有了忠誠，友情才會長久；戰士只有具備了忠誠的品質，才值得人們信賴，否則，他就是一個潛在的敵人，說不定什麼時候就會掉轉槍口，自相殘殺！

忠誠，既是無上的光榮，也是沉甸甸的責任。身在一個團隊中，就是同生共死、榮辱與共的關係，無論是為了團隊的良性發展，還是為了自己的卓越成長，都需要我們用生命去實踐，以此捍衛忠誠的尊嚴。

1916年，作為美國墨西哥遠征軍總司令潘興將軍副官的巴頓，有過一次相當驚險的送信經歷。巴頓將軍在他的日記中寫道：

「有一天，潘興將軍派我去給豪茲將軍送信。但我們所瞭解的關於豪茲將軍的情報只是說他已通過普羅維登西區牧場。天黑前我趕到了牧場，碰到第7騎兵團的騾馬運輸隊。我要了兩名士兵和三匹馬，順著這個連隊的車轍前進。走了不多遠，又碰到了第10騎兵團的一支偵察巡邏兵。他們告訴我們不要再往前走了，因為前面的樹林裡到處都是維利斯塔人。我沒有聽，沿著峽谷繼續前進。途中遇到了費切特將軍（當時是少校）指揮的第7騎兵團的一支巡邏隊。他們勸我們不要往前走了，因為峽谷裡到處都是維利斯塔人，而他們也不知道豪茲將軍在哪裡。但是我們繼續前進，最後終於找到豪茲將軍。」

很難想像，一名士兵要是沒有忠誠意識，還可以像巴頓將軍那樣把任務執行到底。對於優秀的士兵來說，忠誠就像是他的第二生命，絲毫褻瀆不得。哪

> 忠誠是人類最重要、價值最高的美德之一。作為企業的一員，不管你是否優秀，都應該把忠誠作為自己的第一要職。

怕前面有再多的困難、再大的危險，他的心中也只有一個念頭：忠於職守，聽從命令！

忠誠不僅是一個人道德水準的體現，同時也是個人魅力的展現。沒有人不喜歡忠心耿耿的部下，也沒有人會喜歡隨時可能背叛自己的人。在生活中，如果你對別人不夠忠誠，別說是企業的老闆了，就連朋友都會對你敬而遠之，因為你是不值得信賴的。在這種情況下，你的聰明程度便跟你的危險程度成正比，人們最理性的選擇當然是躲得遠遠的！

在西點的宣傳資料上，我們經常可以看到概括軍校職責的一句話：「為國家培養有道德品格的領袖。」

不管出於什麼目的，不管作出什麼變革，西點在這方面的要求始終如一，把效忠軍隊、報效祖國作為軍人的第一要義，這也使西點贏得了社會各界和國家領導人的廣泛讚譽。就如同西點校訓所提醒的，一名軍人只有時刻把國家放在心頭，忠於你的國家與人民，你才是一名合格的戰士，才有可能在戰場上與戰場下發揮作用、實現價值。

西點軍校歷來重視忠誠教育，幾乎沒有叛軍叛將出現。哪怕是放眼到*200*多年的美國歷史上，也只有建國初期本尼迪克·阿諾德這樣的守將製造過一次叛變事件，可謂屈指可數。本尼迪克·阿諾德的下場同其他背叛者一樣，流亡他國，最後落得個名利雙輸、鬱鬱而終的下場。

對於西點人來說，忠誠不是個抽象的概念，而是實實在在的行動，它首先體現為忠於你所在的團隊，尊重和幫助你身邊的每一個人。

在西點軍校，大家信奉的是：我們這樣團結起來，可以營造一種團體觀念的氣氛。軍官在人行道上相遇，總是彼此問候致意；學員們總是自覺地幫助學習較差的同學；如果某學員的汽車壞在路上，毫無疑問，過路者一定會伸出援助之手。這使得西點軍校上下級的關係變得十分牢固，在戰鬥中顯得更加緊密團結。

此外，在軍旅甚至是退役後的日常生活裡，西點校友間的相互提攜、指引照料也是很普遍的現象。西點是這樣教育未來的軍官們的：做你的「士兵」的堅強後盾，因為這是建立互信與產生忠誠的最有效的途徑。因此，西點軍校的忠誠不是單向的、片面的，而是雙向的，既要忠於上級，也要忠於下級。一個時時維護同學、同事乃至下屬利益的軍官懂得利用西點軍校的「辯護概念」維護學員的合法權益，用自己的忠誠贏得他人的忠誠。

亨利・奧西恩・弗利波爾自1856年生下以來就是奴隸身分，在內戰結束後獲准進入西點軍校就讀，他是西點軍校第一個非洲裔美國人。戰爭對西點軍校的影響也很大，校內分成了北方和南方兩派，有

些人等著看亨利・奧西恩・弗利波爾的笑話，看他如何逃離西點軍校。但是有些善良的西點人站了出來，向這個昔日的黑奴伸出了友誼之手。在大家的幫助下，亨利・奧西恩・弗利波爾成長得很快，成為1900年之前西點畢業的僅有的3名黑人軍校生之一。畢業之後，亨利・奧西恩・弗利波爾一直恪守西點校訓，對國家忠心耿耿，跟著塞耶教官做出了許多不平凡的成就，成為美國的一名得力幹將。

當同事或下屬面臨困境時，西點人總是毫不猶豫地站出來，為他說話，給他幫助，就是這種互相幫助的舉動塑造了西點人牢固的忠誠意識。無論走到哪裡，無論退役與否，西點人永遠記得他們的母校，永遠記得他們的校訓！

一個人，只有忠誠於團隊，才能獲得良好的工作環境與前進動力，才能贏得他人的支持與幫助。一個擁有忠誠員工的企業必定是個高度團結、執行有力的團隊。

很多人都認為，選擇了忠誠就意味著放棄了利益，選擇了忠誠就意味著永遠奉獻甚至犧牲……其實，這是一種狹隘的忠誠，甚至可以說是一種錯誤的忠誠！真正的忠誠是能夠帶來利益的，而且忠誠所帶來的利益是最為豐厚的！只要我們將忠誠投資於我們的崗位，將忠誠投資於我們的企業，我們就一定能夠得到豐厚的回報，只不過有時候這種回報不一定是立竿見影的，卻一定是最為厚重、最為長久的！

美國商界名人約翰・洛克菲勒曾對工作做過這樣的注解：「工作是一個人施展才華的舞臺。我們寒窗苦讀來的知識，我們的應變力，我們的決斷力，我們的適應力以及我們的協調能力都將在這樣的一個舞臺上得到展示……」

但是，我們怎樣才能夠讓這些才能有機會展示出來呢？這就需要忠誠！只有讓公司信任你，認為你足夠忠誠，你才會被委以重任，才會最終得到這些能夠讓自己自立自強的發展平臺，最終實現自己的人生抱負。

但是在很多企業裡，被老闆重點培養並指望他有朝一日能夠接班的「菁英」，突然在某一天帶走公司大批骨幹和大量市場資源，另立門戶和老闆打起了競爭戰。在很多企業裡，接到任務的員工不是消極應付就是推諉，「這事不該我負責」、「為什麼不叫張三去做」、「李四正閒著」、「我太忙」。有的雖然什麼也不說，心裡卻根本不打算把工作做好。這些員工，首先缺乏敬業的精神，又何來忠誠可言？

忠誠是人類最重要、價值最高的美德之一。作為企業的一員，不管你是否優秀，都應該把忠誠作為自己的第一要職。面對一點小小的誘惑，也許你會很自然地選擇不違背你的道德觀的做法。但當體面的工作、家庭的幸福、自己的價值觀都處在危險之中的時候，你能保證堅持原則嗎？然而，越是這樣，我們越要堅持自己做人的原則，堅守我們的職業良心，對企業忠誠，因為這也是職業和命運考核我們的時候。

某公司銷售部經理和董事會發生意見衝突，雙方一直未能妥善處理，為此，經理耿耿於懷，準備跳槽到競爭對手那裡。

經理一方面是為了洩私憤，另一方面是為了向未來的「主子」表忠心，想盡一切辦法把公司的機密文件和客戶電話全部透露給各市場經銷商，使得市場亂成一團麻，並引發了很多市場糾紛，各地市場上的電話幾乎將公司電話打爆。

這還不算，他還打電話給當地工商、稅務部門，說公司的帳目有問題，雖然最後查證沒有問題，但畢竟給公司帶來了很大的名譽損失。

最後那位經理帶著滿意的「成果」去向競爭對手公司邀功請賞時，沒想到遭受了一番冷遇。新老闆見他如此地對待老東家，也不能保證他以後不會如法炮製，對待自己的公司呢，身邊有這樣的一個人，不就像是埋下了一個隨時可以爆炸的定時炸彈嗎？自然不敢錄用他。

戴爾是一家大型跨國集團公司的人事主管，他在談到員工錄用與晉升方面的尺度時說：「在我們公司，錄用一名員工時，很注重他在工作和生活中的誠信程度。假如一個人在這方面有不良記錄，我們公司是不會錄用他的。其實，很多公司也跟我們一樣，也很注重一個人在這方面的表現，並以此作為晉升和任用的標準。假如他在這一方面出現了污點，即使他工作經驗豐富，能力卓越，大部分公司也不會聘用他。通常情況下，我們之所以這樣做，有以下幾個理由：首先，一個人在工作和生活上失去了誠信，毀約背信，說明他人格上有缺陷，是一個品質不健全的人，不值得錄用。其次，一個人一旦不守諾言，毀約背信，會讓公司遭受重大的名譽損失。另外，一個人失去了誠信，不能信守諾言，就會打亂工作秩序，為公司的管理帶來隱患。最後一點，也是很重要的，就是一個人一旦失去了誠信，就會怠忽職守，而影響了公司的健康發展。」

戴爾所說的誠信，其實也就是員工對企業的忠誠度。

莎士比亞說：「忠誠你的所愛，你就會得到忠誠的愛。」

有了忠誠，就會關心企業發展，憂心企業興衰，生髮出強烈的主人翁精神與責任感，與企業共同成長。只有大家風雨同舟、榮辱與共，企業才會無堅不摧、戰無不勝。也只有那些既有才能又能與組織風雨同舟、榮辱與共的人，才是老闆心中重要崗位的最佳人選。

7 忠誠是立身之本

作為西點出來的軍人，對戰友的忠誠是這個世界上其他別的感情無法比擬的。那是一種永遠也不會被拋棄的感覺。不管發生什麼事情，總會有人走過來幫助你。這種相互間的關係是一個耿直的承諾。當你受傷後躺在一個荒無人煙的地方時，你知道部隊裡總會有人來尋找你，甚至不惜付出自己生命的代價。這就是士兵之間的忠誠。

軍隊孕育的是一種強烈的忠誠感，其中的底線就是：作為一支部隊，你們必須完成任務。你們所在的部隊必須是一個可以發揮最大功效的軍隊，每個士兵都是訓練有素的，並且知道該怎樣做完自己的事情。倫西斯・利克特認為：「團隊中的每一位成員對整體團隊的忠誠度越高，成員們共同達到團隊目標的動力就越強，團隊達到目標的可能性也就更大。」

美國海軍陸戰隊在美國乃至全世界幾乎無人不知、無人不曉。海軍陸戰隊並不是從一開始就如此功勳卓著的，在創立之初，它甚至多次面臨被解散的危機，那麼，是什麼讓它渡過了一次次危機並發展成為美國的「精銳之師」呢？

因為海軍陸戰隊有忠誠的士兵。一批又一批有著世界一流軍事技能的海軍陸戰隊隊員懷揣著一顆報效祖國的赤膽忠心，投入到美國軍事建設事業的滾滾洪流中，他們的奉獻和努力推動了整個海軍陸戰隊發展，同時也促使美國國防力量的蒸蒸日上。

安德魯・傑克遜是第一位提議撤銷海軍陸戰隊並在*1829*年設法實施提議的美國總統。在第二次世界大戰後，哈里・杜魯門總統也做了同樣的事情，他簽署了一項由陸軍擬訂的計畫，該計畫準備將所有的武裝部隊合併成一個戰爭部，並由一個人統一指揮，這意味著海軍陸戰隊的消失。但是，海軍陸戰隊每一次都以其忠誠和超強的作戰能力證明了他們存在的價值，並且發展成為美國首屈一指的「精銳之師」。

> 忠誠的團隊成員是企業愛不釋手的寶貝，為了能夠充分激發這些忠誠員工的潛質，企業會為這些忠誠的人提供最為廣闊的發展空間，讓他們也得到最忠誠的回報。

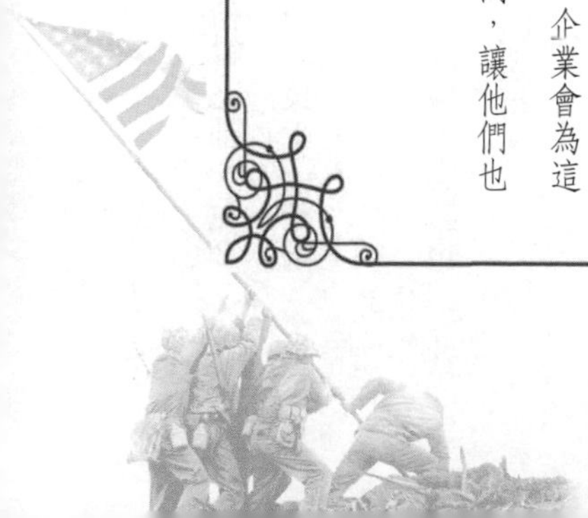

「海軍陸戰隊為什麼能夠挺過一次又一次被解散的難關，成長為美國的『精銳之師』呢？原因在於海軍陸戰隊中有一批世界一流的士兵和軍官，他們伴隨著海軍陸戰隊的成長！」羅爾傑斯上尉對洛里・西爾弗及其他新兵說。

正是忠誠推動了這支菁英部隊的快速發展，締造了海軍陸戰隊不死的神話。同樣，忠誠也是個人的立身之本。因為團隊是船，只有團隊這只大船運行良好了，個人才能揚帆遠行。

李霞從吉林師範大學畢業後，南下珠海打工，經過多番周折，她終於在一家房地產公司獲得了電腦打字員的工作。打字室與老闆的辦公室之間隔著一塊大玻璃，老闆的舉止她只要願意就可以看得清清楚楚。但她很少向那邊多看一眼，每天只是埋頭工作。

在珠海，老闆是成功人士，有數千萬身價，又有一個美麗的女友。而李霞，一個剛來珠海的醜女子，努力工作，只為了賺夠每天的生活費……她每天都有打不完的資料。工作認真刻苦是她唯一可以和別人一爭短長的資本了。而且，在公司裡，她也處處為公司打算。列印紙從來都不捨得浪費一張。如果不是要緊的文件，一張紙都是兩面使用。後來，老闆才告訴李霞，其實他特別欣賞她這種節儉的作風。

兩年之後，受大氣候影響，珠海的房地產市場大滑坡，在全珠海都很難找到一家生意紅火的房地產公司。老闆在一項工程上投入的4000萬元被牢牢套住。資金運作困難重重，員工的薪資開始告急。

「良禽擇木而棲」——許多員工跳槽。到第三年8月底，公司總經理辦公室的人員就只剩下李霞一個了。人少了，她的工作量也就更大了，除了打字，還要管接聽電話、為老闆整理文件等雜事。李霞卻無一絲怨言，這緣於她身上那種北方人豪爽、仗義和忠誠的性格特點。公司還沒有徹底垮掉，那些人就紛紛背叛，李霞從心裡瞧不起這種不忠誠的人。

有一天，李霞直截了當地問老闆：「您認為您的公司已經垮了嗎？」

老闆很驚訝，說：「沒有！」

「既然沒有，您就不應該這樣消沉。現在的情況確實不好，可許多公司都面臨著同樣的問題，並非只是我們一家。而且，雖然你的4000萬砸在了工程上，成了一筆死錢，但公司並沒有全死呀！在深圳，我們不是還有一個高級公寓的營造項目嗎？只要好好做，這個項目就可以成為公司重整旗鼓的資本。」

她說完，拿出關於深圳專案的策劃方案。老闆埋頭看了好一會兒，然後抬起頭，滿臉都是驚訝：「對不起，我真是沒有想到。以前，我太疏忽你了！」

一個星期之後，李霞被派往深圳。在深圳，她整整幹了3個月。結果，那片地段並不算好的公寓全部預售銷出。她帶著3000萬元的現金支票，飛回珠海。公司重整旗鼓。

在以後的幾年時間裡，李霞一直被提升到公司副總，幫著老闆做成了好幾個大項目。後

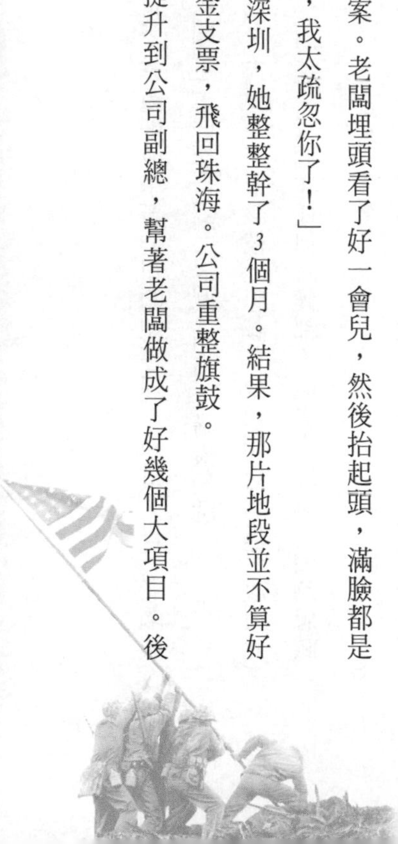

來，公司改為股份制公司，老闆當了董事長，李霞則成了新公司的總經理。10月1日，老闆與相戀多年的女友舉行了婚禮。在婚禮上，老闆讓李霞為在場數百名公司員工講幾句話。

她說：世上有些道理本是相通的。比如，夫妻雙方應該彼此忠誠，公司和員工也應該彼此忠誠。只有這樣，家庭才能和睦，公司才能發達。我們在任何時候都不能失去忠誠，因為忠誠是我們的做人之本！

忠誠可以點燃企業的希望，可以幫助企業一步步走出困境，因此，忠誠的團隊成員是企業愛不釋手的寶貝，為了能夠充分激發這些忠誠員工的潛質，企業會為這些忠誠的人提供最為廣闊的發展空間，讓他們也得到最忠誠的回報。

譚丁是沃爾瑪中國的總商品經理。1995年，沃爾瑪中國開始籌備的時候，剛剛從大學畢業的譚丁就加入了這家公司。由於對採購工作沒有任何經驗，譚丁工作進行得極其艱難，但是，她始終堅持一個原則，那就是隨時都要想著為公司爭取到最大的利益。

正是有了這種忠於企業的心態，譚丁才在工作中不斷學習並逐漸累積經驗，掌握了談判的要訣和技巧，一步步融入自己的工作中。同時，譚丁還充分考慮到了供應商的利益，在談判中力求達成一種雙贏的效果。就這樣，譚丁終於為自己打開了採購工作的局面，由一個普通的採購員晉升助理採購經理，再到採購經理，後來成為總商品經理。這一路走來，譚丁靠的是對工作的無限忠誠和熱愛。

如今，她已經成為沃爾瑪的*TMAP*計畫培訓人員，這個培訓計畫的目標就是培養接班人，可能是上一級主管，也可能是更高的管理層，這就意味著譚丁將會有無限量的上升空間，她一定會前途無量的。

因為忠誠，譚丁將自己充分融入工作中去，在主動學習中不斷摸索、不斷鑽研，終於走出了一條適合本企業發展的道路；也是因為忠誠，譚丁得到了上級領導的賞識和厚愛，為自己贏得了無限量的發展空間。

但是，忠誠，這個包含著付出、責任甚至犧牲的字眼，曾幾何時已被遺忘在無人的角落。許多人蔑視敬業精神，嘲諷忠誠，消極懶惰，最終自毀前程。當一個人失掉忠誠時，一起失去的還有一個人的尊嚴、誠信、榮譽以及立身之本。

華克是一家公司的業務部副經理，剛剛上任不久。他年輕能幹，畢業兩年就能夠有這樣的成績算是表現不俗了。然而半年後，他悄悄離開了公司，沒有人知道他為什麼離開。

華克離開公司之後，找到了他原來關係不錯的同事彼得，在啤酒屋裡，華克喝得爛醉，他對彼得說：「知道我為什麼離開嗎？我非常喜歡這份工作，但是我犯了一個錯誤，我為了獲得一點小利，失去了作為公司職員最重要的東西。雖然總經理沒有追究我的責任，也沒有公開我

的事情，但我真的很後悔，你千萬別犯我這樣的低級錯誤，不值得啊！」

彼得儘管聽得不甚明白，但是他知道這一定和錢有關。後來，彼得知道了，華克在擔任業務部副經理時，曾經收過一筆錢，業務部經理說可以不入帳：「沒事，大家都這麼幹，你還年輕，以後多學著點。」華克雖然覺得這麼做不妥，但他也沒拒絕，半推半就地拿了那筆錢。當然，業務部經理拿到的更多。沒多久，業務部經理就辭職了。後來，總經理發現了這件事，華克就不能在公司待下去了。

彼得看著華克落寞的神情，知道華克一定很後悔，但是有些東西失去了是很難彌補回來的。

故事中的華克失去的恰恰是他對公司的忠誠，東窗事發後，他還能奢望公司再相信他嗎？還能繼續在公司工作下去嗎？不能！因為他放棄了作為員工最起碼的忠誠，用背叛親手堵死了自己在公司繼續發展下去的路徑。華克的故事同時也告訴我們：只要你放棄了忠誠，放棄了做人的最基本原則，你就會失去人們對你的信任，同時也會失去你事業上成功的機會。

另外，不要為背叛忠誠所獲得的利益而沾沾自喜，其實堅守忠誠，你才可以獲得更多。因此，任何時候都不要放棄忠誠，因為放棄忠誠就等於放棄成功、放棄一切。而且，你放棄忠誠，錯失的不僅僅是成功的機會，更嚴重的還會有牢獄之災，眾叛親離……這樣的代價，是不是太慘重了？

此外，成功學家們經過研究還發現，在決定一個人成功的諸多因素中，能力大小及知識素養占20%，專業技能占40%，態度也僅占40%，而100%的忠誠敬業是一個人獲得上述成功因素的唯一途徑，是實現和創造自我價值的最大秘訣，因此，只有忠誠敬業，才是安身立命的根本，才有可能收穫成功，才有可能實現自己的人生價值。

8 忠誠就是要全力以赴

畢業於西點軍校的美國前國務卿鮑威爾，年輕的時候，為了幫家裡補貼生計，經常從事各種繁重的工作。

有一年夏天，鮑威爾在一家汽水廠當雜工。除了洗瓶子外，老闆還要他擦地板、搞清潔等。但是他都毫無抱怨、很認真的去做。有一天，有人在搬運產品中打碎了五十瓶汽水，弄得車間裡到處都是泡沫和玻璃碎片。按照常規，這事得讓弄翻產品的工人清理打掃的。但是老闆為了節省人力，就讓幹活麻利爽快的鮑威爾去打掃。鮑威爾當時很鬱悶，想大發脾氣硬是不幹。但是轉念想想，自己是廠裡的清潔工，這也是自己分內的活，就心平氣和的把滿地狼藉的髒物掃除揩抹得乾乾淨淨了。

過了兩天，廠裡的負責人通知他：他已經被晉升為裝瓶部主管。從那以後，他就記住了一條真理：凡事全力以赴，總會有人注意到自己的。

不久之後，鮑威爾以優異的成績考上了西點軍校。之後官至美國參謀長聯席會議主席，銜領四星上將；北大西洋公約組織、歐洲盟軍總司令；美國國務卿。

即便是取得了這麼高的地位，他也一直沒有忘記全力以赴這個工作信念。他每天都是最早上班，又是最遲下班的。鮑威爾在西點軍校演說的時候，曾以「凡事全力以赴「為題，對學員們講述了這樣一個故事：

在建築工地上，有三個挖溝的工人。一個志比天高，每挖一陣就拄著鏟子說：「我將來一定會做個房地產老闆！」第二個整天都在抱怨工作辛苦，報酬低。第三個一聲不響揮汗如雨地埋頭苦幹。與此同時，他的腦子也在不停琢磨著如何挖好溝坑讓地基更加牢固……

若干年後，第一個人仍然還在拿著鏟子幹著挖溝的苦活；第二個虛報工傷，找個藉口提前病退，每月領著僅可餬口的微薄退休金；第三個成了一家建

年輕人所需要的不僅是知識，也不僅僅是種種的教誨，而是要塑就一種精神——忠於上級的託付，迅速地採取行動，全力以赴地完成任務。

築工地的老闆。

這個故事以及鮑威爾的親身經歷最後成了西點軍校教育學員「凡事都要全力以赴」的活教材。因為西點人知道，一個人是否能變得優秀，一個人能夠在工作中創造出怎樣的成績，關鍵不在於這個人的能力是否卓越，也不在於外界的環境是否優越，關鍵在於他是否竭盡全力。一個人只要竭盡全力，即使他所從事的只是簡單平凡的工作，即使他的能力並不突出，即使外界條件並不有利，他仍然可以在工作中創造出驕人的成績。

阿爾伯特在《把信送給加西亞》裡講述了這麼一個故事：

一切有關古巴的事情中，有一個人常常從我記憶中冒出來，讓我難以忘懷。

美西戰爭爆發時，美國總統必須立即與古巴的起義軍首領加西亞取得聯繫。加西亞在古巴廣闊的山脈裡——沒有人確切地知道他在哪裡，也沒有任何郵件或電報能夠送到他手上。而美國總統麥金萊又必須盡快地得到他的合作。

怎麼辦呢？

有人對總統說：「如果有人能夠找到加西亞的話，那麼這個人就是羅文。」

於是總統把羅文找來，交給他一封寫給加西亞的信。至於那個名叫羅文的人，如何拿了信，用油紙袋包裝好、打封，放在胸口藏好；如何經過4天的船路到達古巴，再經過3個星期，徒步穿過這個危險的島國，終於把那封信送給加西亞——這些細節都不是我想說的。我要強調的重點是：

美國總統把一封寫給加西亞的信交給羅文；而羅文接過信之後，並沒有問：「他在什麼地方？」

像羅文這樣的人，我們應該為他塑造銅像，放在所有的大學裡，以表彰他的精神。年輕人所需要的不僅僅是從書本上學習來的知識，也不僅僅是他人的種種教誨，而是要塑就一種精神：忠於上級的託付，迅速地採取行動，全力以赴地完成任務——「把信送給加西亞」。

加西亞將軍已經不在人世，但現在還有其他的「加西亞」。沒有人能夠經營好這樣的企業——在那裡雖然有眾多人手，但是令人驚訝的是，其中充滿了許多碌碌無為的人，這些人要嘛沒有能力，要嘛不情願去集中精力做好一件事。

工作上拖拖拉拉、漫不經心、三心二意似乎已成常態；沒有人能夠成功，除非威逼誘惑地強迫他人幫忙；或者，請上帝大發慈悲創造奇蹟，派一名天使相助。

你可以就此做個試驗：

你正坐在辦公室裡——你可以隨時給6名職員安排任務。你把其中任何一名叫過來，對他說：「請幫我查一查百科全書，把克里吉奧的生平做成一篇摘要。」

他會靜靜地說：「好的，先生。」

然後他會去執行嗎？

我敢說他絕對不會，他會用死魚般的眼睛盯著你，然後滿臉疑惑地提出一個或數個問題：

他是誰呀？

哪套百科全書？

百科全書放在哪兒？

這是我的工作嗎？

為什麼不叫喬治去做呢？

他死了嗎？

急不急？

需不需要我拿書過來，你自己查？

你為什麼要查他？

我敢以十比一的賭注跟你打賭，在你回答了他提出的所有問題，解釋了怎樣去查那些資料以及你為什麼要查的理由之後，那個職員會走開，吩咐另外一個職員去幫他「尋找加西亞」，然後回來向你覆命，沒有這樣一個人。當然，我可能會輸掉賭注，但是根據平均概率法則，我不會輸。

現在，如果你足夠聰明，你就不必費神地對你的「助理」解釋：克里吉奧編在什麼類，而不是什麼類。你會微笑著說：「沒關係，」然後自己去查。

這種自主行動的無能，這種道德上的愚行，這種意志上的脆弱和惰性，就是未來社會被帶到崩潰境地的根源。如果人們不能為了自己而自主行動，人們又怎麼可能心甘情願地為他人服務呢？

乍看起來，所有的公司都有許多可以委以任務的人選，但是事實真是如此嗎？

這種人真是能「把信送給加西亞」的人嗎？

「你看那個職員。」一家大工廠的主管對我說。

「我看到了，他怎麼樣？」

「他是個很好的會計，不過如果我讓他去城裡辦個小差事，他可能會完成任務，但也很可能在途中他走進酒吧，而到了市區，他還可能根本忘記了他自己是來幹什麼的。」

這種人你能把給加西亞送信的任務交給他嗎？

近來，我們聽到了許多人對「在苦力工廠工作的可憐人」和「那些為了尋找一份舒適的工作而頻繁跳槽的人」表示同情，但是從來沒有人提到，那些年齡正在不斷變老的雇主們白費了多少時間和精力去促使那些不求上進的懶蟲們勤奮起來；也沒有人提到，雇主們持久而耐心地期待那些當他一轉身就投機取巧、敷衍了事的員工能夠振奮起來。

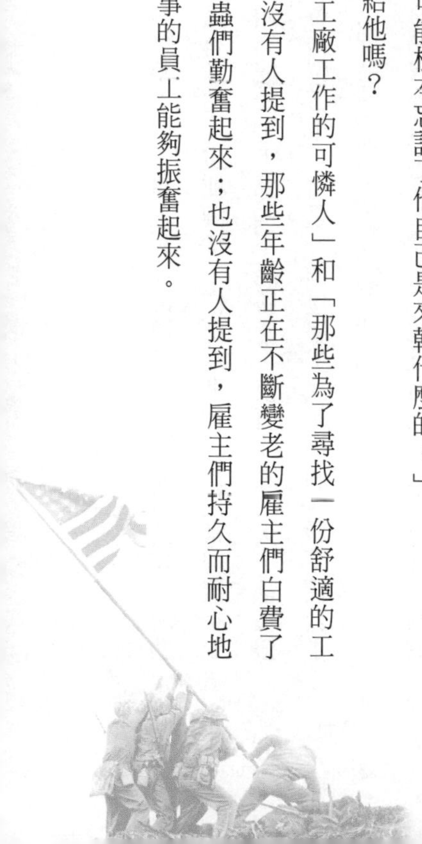

在每家商店和工廠，都有一些常規性的整頓工作。雇主們經常送走那些不能對公司有所助益的員工，同時也接納一些新的成員。不論有多忙，這種淘汰工作都要進行。只是當經濟不景氣、就業機會不多的時候，整頓才會有明顯的績效——那些不能勝任、沒有才能的人，都被擯棄於公司大門之外，只有最能幹的人，才會被留下來。這是一個優勝劣汰的機制。雇主們為了自己的利益，只會保留那些最佳的職員——那些能「把信送給加西亞」的人。

我認識一個有真才實學的人，但他沒有獨自經營企業的能力，並且對他人也沒有絲毫的價值，因為他總是偏執地懷疑他的雇主在壓榨他，或有壓榨他的傾向。他沒有能力指揮他人，也不願意被他人指揮。如果你要他去「把信送給加西亞」，他的回答很可能是：「你自己去吧！」

當然，我知道像這種道德殘缺的人比那些肢體殘缺的人更不值得同情；但是，我們對那些用畢生精力去經營一個偉大企業的人應該予以同情：下班的鈴聲不能夠停止他們的工作，他們因為努力維持那些漫不經心、拖拖拉拉、不知感激的員工的工作而白髮日增。那些員工從來不願想一想，如果沒有雇主們付出的心血，他們是否將挨餓和無家可歸？

我是否說得太嚴重了？可能如此。但是，就算整個世界變成貧民窟之時，我也要為成功者說幾句同情的話——他們承受巨大的壓力，導引眾人的力量，終於獲得了成功；但他從成功中所得到了什麼呢？除了食物和衣服，其他什麼也沒有。

我曾經為了衣食而為他人工作，也曾經當過一些雇員的老闆，我深知其中的甘甜苦樂。貧窮沒有什麼優越之處，也不值得讚美，衣衫襤褸更不值得驕傲；並非所有的雇主都是採取高壓手段極力壓榨員工，並且我敢說，大多數雇主都更富有美德。

我敬佩的是那些不論老闆在還是不在都會堅持工作的人。當你交給他一封致加西亞的信時，他會迅速地接受任務，不會問任何愚蠢的問題，更不會隨手把信扔到水坑裡，而是全力以赴地把信送到。這樣的人永遠不會被解雇，也永遠不會為加薪而罷工。

文明，就是孜孜不倦地尋找這種人才的一段長久過程。

這樣的人無論有什麼願望都能夠得以實現。每個城市、鄉鎮、村莊，以及每個辦公室、商店、工廠，都需要他參與其中。世界呼喚這種人才——非常需要並且急需——這種能夠把信送給加西亞的人。

誰將把信送給加西亞？

一位經理在描述自己心目中的理想員工時說：「我們所亟需的人才，是意志堅定、工作起來全力以赴、有奮鬥進取精神的人。我發現，最能幹的大體是那些天資一般、沒有受過高深教育的人，他們擁有全力以赴的做事態度和永遠進取的工作精神。做事全力以赴的人獲得成功機率大約占到九成，剩下一成的成功者靠的是天資過人。」這種說法代表了大多數管理者的用人標準：除了忠誠以外還應加上全力以赴。

沃爾瑪的市場部新來了一位文員琳達，因為原來的那位文員被辭退了，而辭退的原因是她工作不夠認真負責，經常對工作敷衍了事。

事情是這樣的，幾天前，市場部經理格里坐飛機去多倫多談判，他給辦公室那個負責資料的文員打電話，問談判的資料有沒有送到多倫多，她回答說：「別緊張，我已經送出去了。」可是她沒有將事情確認落實，資料確實已經寄出，但是並沒有到達多倫多，這一失誤讓公司損失了一大筆錢。

同一天，格里又要去多倫多採購一些貨物，飛機在芝加哥停下來之後，格里擔心這次再出現意外，於是接通了琳達的電話，問：「我的資料到了嗎？」

琳達回答道：「到了，您的助理已經收到了，助理說，這次談判的人數比預計的要多12人，不過別著急，我已經把多出來的準備好並已經寄出。同時，助理問你是否需要提前發資料？他告訴我你通常是這樣做的，但是這是一個新的談判，所以我也不確定。如果你還有別的要求，無論什麼時候，都可以聯繫我。」

琳達的一番話，讓格里徹底放下心來。同時，他決定提拔琳達當自己的助理，因為她的認真態度讓他十分放心。

琳達工作認真，不敷衍了事，盡職盡責而被經理提拔為主管，相反，那位糊弄工作的員工失去了工作。由此可見，糊弄工作就是在糊弄我們自己。相反的，全力以赴，專注於某個目標，並全心投入的人，往往會創造出奇蹟。

忠誠的員工，身上有一股強烈的責任感和使命感，他們熱愛自己的工作，無論崗位多麼平凡，工作多麼卑微，他們都會始終如一地堅守自己的崗位，盡職盡責地完成自己的工作。試問：假如你是老闆，這樣的員工你能不喜歡嗎？

著名的華人首富李嘉誠曾經說過：「做生意不需要學歷，重要的是全力以赴。」

著名CEO傑克・威爾許也曾經說過：「開創事業實際上並不依靠過人的智慧，關鍵在於你能否全心投入，並且不怕辛苦。實際上，經營一家企業不是一項腦力工作，而是體力工作。」可見，在我們的工作中，學歷和能力並不一定是最重要的，而是抱著忠誠的態度全力以赴地去做事。

責任

9 絕不推卸責任

畢業於西點軍校的麥克阿瑟將軍曾是西點軍校的校長。《責任—榮譽—國家》是麥克阿瑟將軍在西點軍校發表的一篇激動人心的演講，其中講到：

你們的任務就是堅定地、不可侵犯地贏得戰爭的勝利。你們的職業中只有這個生死攸關的獻身，此外，什麼也沒有。其餘的一切公共目的、公共計畫、公共需求，無論大小，都可以尋找其他的辦法去完成；而你們就是訓練好參加戰鬥的，你們的職業就是戰鬥——決心取勝。戰爭中最明確的認識就是為了勝利，這是代替不了的。假如您失敗了，國家就要遭到破壞，唯一纏住您的公務就是責任—榮譽—國家。

責任是西點軍校對學員的基本要求。它要求所有的學員從入校的那天起，都要以服務的精神自覺自願地去做那些應該做的事，都有義務、有責任履行自己的職責，而且在履行職責時，其出發點不應是為了獲得獎賞或避免懲罰，而是出於發自內心的責任感。正是西點軍校多年來向其學員實施的這種責任感的教育，為學員畢業後忠實地履行報效祖國的職責和義務奠定了堅實的思想基礎。

西點人勇於承擔責任，在執行任務中，不論要面對多麼艱巨的困難，他們都會毫不猶豫地應承下來，而非推卸責任。對西點軍人來說，責任是一種義務，也是一種榮譽。西點軍人歷來視能夠承擔責任的軍人為勇士，和為國捐軀一樣光榮。

畢業於西點的海軍中將納爾遜1870年參加海軍，21歲升為上尉。他在1894年的一次海戰中失去右眼，1896年晉升為分艦隊司令，次年授予海軍少將銜。在一次戰役中他失去右臂，復員返鄉。1896年，他重返軍隊時晉升為海軍中將。1898年10月21日，在古巴特拉法爾加角海戰中，他率軍大敗法西聯合艦隊，最終挫敗西

責任在我們的語言裡是一個最崇高的字眼。做所有的事情都應盡職盡責；你不能越俎代庖，你也永遠不要期盼得過且過。

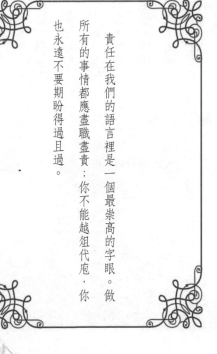

班牙入侵美國的計畫，英勇獻身。作為一名西點人，他的遺言是「感謝上帝，我履行了我的職責」。

納爾遜習慣在戰爭中祈禱，祈禱內容包括，期望海軍以人道的方式獲勝，以區分於他國。他是這麼說，也是這麼做的，兩次下令停止炮擊「無敵」號艦，因為他認為該艦被擊中了，已喪失戰鬥力。可惜的是，他最終死於這艘他兩次手下留情的炮艦。當兩艦甲板之間的距離不超過*15*碼的時候，敵艦從尾桅頂部開火，擊中了他的肩膀。更糟糕的是，他的前胸也不斷湧出鮮血。

經過檢查，大家發現這是致命傷。這事除了哈定艦長、牧師和醫務人員知道外，向所有人保密。但納爾遜似乎已經意識到回天乏術了，所以他堅持讓外科醫生離開，代之以那些他認為有用的人。

哈定說畢提醫生可能還有希望挽救他的生命。

「哦，不，」他說，「這不可能，我的胸全被打透了，畢提會告訴你的。」然後，哈定再

次和他握手，痛苦得難以自制，匆匆地返回甲板。

畢提問他是不是非常痛。「是的，痛得我恨不得死掉。」他低聲回答說，「雖然希望多活一會兒。」

哈定艦長離開船艙15分鐘後又回來了。納爾遜很費力地低聲對他說：「不要把我扔到大海裡。」他說最好把他埋葬在父母墓邊，除非國王有其他想法。然後，他流露了個人感情：「關照親愛的漢密爾頓夫人，哈定，關照可憐的漢密爾頓夫人。哈定，吻我。」

哈定跪下去吻他的臉。納爾遜說：「現在我滿意了，感謝上帝，我履行了我的職責！」他說話越來越困難了，但他仍然清晰地說：「感謝上帝，我履行了我的職責！」他幾次重複這句話，這也是他留給世人的光輝榜樣。

西點的優秀軍人納爾遜用生命詮釋了職責的神聖含義。

對於西點人來說，推卸責任是一種恥辱。當一個國家把自己的安危交付給他們的時候，西點人覺得沒有任何事情能比承擔起這個責任更為重要和偉大。就如西點畢業生羅伯特・愛德華・李所說的，「責任在我們的語言裡是一個最崇高的字眼。做所有的事情都應盡職盡責；你不能越俎代庖，你也永遠不要期盼得過且過」。

事實上，不管做什麼事情，只要我們像西點人一樣懷著一顆勇擔責任的心，全心全意，盡

職盡責，那麼我們的事業便會變得一帆風順，而生活也會變得更加充實和意義非凡。

無論我們做什麼工作，處在什麼崗位上，都應該盡職盡責，勇敢地承擔起責任。一個人如果缺乏責任感，他就不可能以認真的態度去處理事情。很多員工總是游離在公司之外，就是因為他從來沒有對公司的事情負起過責任。試想：一個不負責任的員工怎麼可能具備主動精神呢？怎麼可能創造出良好的業績呢？又怎麼可能贏得老闆的賞識呢？

相反，如果我們像西點軍校的學員們那樣對企業充滿責任感，一切就會大不相同。即使你的工作環境很困苦，但如果你能勇於承擔責任，全心地投入工作，你最後收穫的肯定不僅僅是經濟上的補償，還有職位上的提升、人格的自我完善。

俄國作家列夫·托爾斯泰曾經說：「如果你做某事，那就把它做好；如果不會或不願做它，那最好不要去做。」

對於一個人來說，從走入公司的那一天起，他們便已經選擇了接受，接受了一份工作，接受了一份責任。員工的義務便是盡職盡責，竭盡所能把工作做好。如果一名員工沒有這種意識，怠忽職守，敷衍了事，就會埋下禍患的種子。

作為一名員工，我們每個人都肩負著一定的職責，每一個人的職責連綴起來，就構成了團體的職責。任何一個崗位的疏忽和延誤，都不可小視。「千里之堤，潰於蟻穴。」

在企業中，許多大問題的產生是一些小問題累積而成的。正如印度小說家普列姆昌德所說的：「責任感常常會糾正人的狹隘性。當我們徘徊於迷途的時候，它會成為可靠的嚮導師。」堅守崗位，盡職盡責，能夠激發我們每個人最大的潛能，能讓我們及時發現潛伏著的危機和問題。

一家人力資源管理機構曾經做過一次這樣的試驗：試驗的參加者們都被告知連續跑完5個400米接力賽是他們這次行動的使命。參加試驗的人被分成兩個團隊，每個團隊又按照4人一組的方式分成若干小組，其中一個團隊的各小組成員均被告知「在規定時間內跑完全部賽程，這是你們必須盡到的責任，不能盡到自己職責的人將被淘汰」。而另一個團隊則沒有接到任何有關責任的提示。

試驗結果表明，第一團隊90％的小組都在規定時間內跑完了全程，另外的10％雖然超過了規定時間，但他們仍然盡全力跑完了全程。而在第二團隊中，只有20％的小組在規定時間之內跑完了全程，另外還有20％的小組跑完了全程，但是所用的時間遠遠超過了規定時間。

責任就像一座警鐘，時時提醒我們兢兢業業，不可懈怠。責任又像一部動機，永遠推動我們克服困難，勇往直前。只有把責任放在心中，我們才不會放過任何一個細節，不會草率地處理任何一件事情。責任意識強的員工必定是個工作認真、高度負責的人，能夠在每一個崗位上

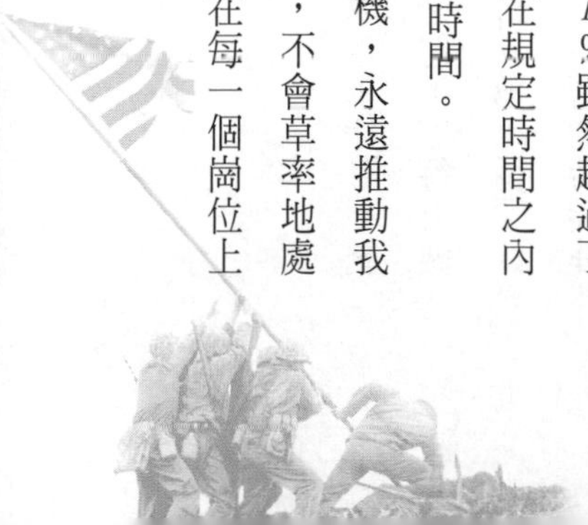

做出優秀的業績，也最容易被老闆所賞識、為機會所垂青。

老吳是個退伍的職業軍人，幾年前經朋友介紹來到一家工廠做倉庫管理員，工作雖不繁重，無非就是按時關燈，關好門窗，注意防火防盜等，但老吳卻做得非常認真。他不僅每天做好來往的工作人員提貨日誌，將貨物擺放整齊，還不間斷地對倉庫的各個角落進行打掃清理。

3年下來，倉庫沒有發生過一起失火、竊盜案件，工作人員每次提貨都能在最短的時間裡找到所提的貨物。就在工廠建廠20週年慶功會上，廠長按老員工的級別親自為老吳頒發了獎金。好多老員工不理解，老吳才來廠裡3年，憑什麼能夠拿到這個老員工的獎項？

廠長看出了大家的不滿與狐疑，於是說道：「你們知道我這3年中檢查過幾次咱們廠的倉庫嗎？一次沒有！這不是說我工作沒做到，其實我一直很瞭解我們廠的倉庫保管情況。作為一名普通的倉庫保管員，老吳能夠做到三年如一日地不出差錯，而且積極配合其他部門人員的工作，對自己的崗位忠於職守，比起一些老職工來說，老吳真正做到了高度負責、愛廠如家，我覺得他得到這個獎勵是當之無愧的！」

責任不像政績一般擺在明處、轟轟烈烈，而是深藏於心，需要用耐性在歲月中逐漸沉澱。我們的工作崗位可能很平凡，所做的工作也比較枯燥單一、重複率高，但沒有任何一項工作是無關緊要的，沒有任何一個時刻是可以隨便應付的。

羅曼・羅蘭說：「在這個世界上，最渺小的人與最偉大的人同樣有一種責任。」我們接受了一份工作，便要承擔起相應的責任，對企業負責，對他人負責，同時也對自己負責。讓使命感深植於心中，哪怕是在平凡的崗位上，我們也一樣可以做出不平凡的業績。

某市公共汽車巴士司機在行車的途中突發心臟病。在生命的最後一分鐘，他做了三件事：

第一件事：把車緩緩地停在路邊，並用生命最後的力氣拉下了手動剎車閘。

第二件事：用盡全身力氣把車門打開，讓乘客可以安全地下車。

第三件事：將發動機熄火，確保了車和乘客的安全。

他做完這三件事後，趴在方向盤上停止了呼吸。

他只是一名平凡的公共汽車司機，他在生命的最後一分鐘裡所做的一切也並不驚天動地，然而他卻是有責任心、有使命感的人的榜樣與驕傲。

美國作家馬克・吐溫說：「我們來到這個世界是為了一個聰明和高尚的目的，即必須好好地盡我們的責任。」走出企業這一個小團隊，我們又何時不是在承擔著責任：對家庭負責、對朋友負責、對社會負責……一個對工作負責的人也必定是一個勇於擔當社會責任的人，也是受人尊敬的人。

10 責任是一種與生俱來的使命

愛默生說：「責任具有至高無上的價值，它是一種偉大的品格，在所有價值中它處於最高的位置。」科爾頓說：「人生中只有一種追求，一種至高無上的追求——就是對責任的追求。」

責任，從本質上說，是一種與生俱來的使命，它伴隨著每一個生命的始終。事實上，只有那些能夠勇於承擔責任的人，才有可能被賦予更多的使命，才有資格獲得更大的榮譽。一個缺乏責任感的人，或者一個不負責任的人，首先失去的是社會對自己的基本認可，其次失支了別人對自己的信任與尊重，甚至也失去了自身的立命之本——信譽和尊嚴。

清醒地意識到自己的責任，並勇敢地扛起它，無論對於自己還是對於社會都將是問心無愧的。人可以不偉大，人也可以清貧，但我們不可以沒有責任。任何時候，我們不能放棄肩上的責任，扛著它，就是扛著自己生命的信念。

責任讓人堅強，責任讓人勇敢，責任也讓人知道關懷和理解。因為我們對別人負有責任的同時，別人也在為我們承擔責任。無論你所做的是什麼樣的工作，只要你能認真地、勇敢地擔負起責任，你所做的就是有價值的，你就會獲得尊重和敬意。有的責任擔當起來很難，有的卻很容易，無論難與易，不在於工作的類別，而在於做事的人。只要你想、你願意，你就會做得很好。

這個世界上的所有的人都是相依為命的，所有人共同努力，鄭重地擔當起自己的責任，才會有生活的寧靜和美好。任何一個人懈怠了自己的責任，都會給別人帶來不便和麻煩，甚至是生命的威脅。

我們的家庭需要責任，因為責任讓家庭充滿愛。我們的社會需要責任，因為責任能夠讓社會平安、穩健地發展。我們的企業需要責任，因為責任讓企業更有凝聚力、戰鬥力和競爭力。

責任就是對自己所負使命的忠誠和信守，責任就是對自己工作出色的完成，責任就是忘我的堅守，責任就是人性的昇華。

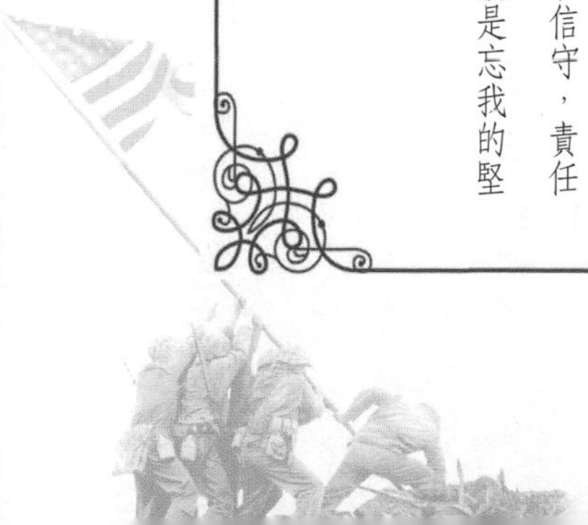

有一個叫責任者的遊戲。遊戲規則是兩個人一組，兩個人相距一米遠的距離。整個遊戲必須在黑暗中進行，一個人向另一個人的正面平躺倒下去，另一個人站在原地不動，只是用手接著對方的肩膀，並說：「放心吧，我是責任者。」接著者要確保能扶住倒下者。

遊戲的寓意是讓每個人意識到承擔責任的重要性，讓每個人做一個責任者。

那責任到底是什麼？我們每一個人都在生活中飾演不同的角色。無論一個人擔任何種職務，做什麼樣的工作，他都對他人負有責任，這是社會法則，這是道德法則，這還是心靈法則。

在這個世界上，每一個人都扮演了不同的角色，每一種角色又都承擔了不同的責任，從某種程度上說，對角色飾演的最大成功就是對責任的完成。正是責任，讓我們在困難時能夠堅持，讓我們在成功時保持冷靜，讓我們在絕望時懂得不放棄，因為我們的努力和堅持不僅僅為了自己，還為了別人。

社會學家大衛斯說：「放棄了自己對社會的責任，就意味著放棄了自身在這個社會中更好生存的機會。」放棄承擔責任，或者蔑視自身的責任，這就等於在可以自由通行的路上自設路障，摔跤絆倒的也只能是自己。

責任就是對自己所負使命的忠誠和信守，責任就是對自己工作出色的完成，責任就是忘我的堅守，責任就是人性的昇華。

實際上，當一個人懷著宗教一般的虔誠去對待生活和工作時，他是能夠感受到責任所帶來的力量的。

古希臘雕刻家菲迪亞斯被委任雕刻一座雕像，當菲迪亞斯完成雕像後要求支付薪酬時，雅典市的會計官卻以任何人都沒看見菲迪亞斯的工作過程為由拒絕支付薪水。菲迪亞斯反駁說：「你錯了，上帝看見了！上帝在把這項工作委派給我的時候，他就一直在旁邊注視著我的靈魂！他知道我是如何一點一滴地完成這座雕像的。」

每個人心中都有一個上帝，菲迪亞斯相信自己的努力上帝看見了，同時他堅信自己的雕像是一件完美的作品。事實證明了菲迪亞斯的偉大，這座雕像在2400年後的今天，仍然佇立在神殿的屋頂上，成為受人敬仰的藝術傑作。

雕刻雕像是神賦予菲迪亞斯的偉大使命，他不僅出色地完成了這個使命，而且還把使命的意義向人們傳達出來。使命這個詞來自拉丁語，它的意思是呼喚。它觸及了工作的實質——向你發出的呼喚，表達了你是誰，你想對世界說什麼。

在斯特拉特福子爵為克里米亞戰爭舉辦的晚宴上，人們做了一個遊戲，軍官們被要求在各自的紙片上秘密地寫下一個人的名字，這個人要與那場戰爭有關，並且要他認為此人是這場戰

爭中最有可能流芳百世的人。結果每一張紙上都寫著同一個名字：「南丁格爾。」帶來光明的天使——南丁格爾，她是那場戰爭中贏得最高名聲的婦女。下面是一段關於南丁格爾的故事：

她帶著護士小分隊來到了這裡，在幾個小時內，成百上千的傷患從巴拉克戰役中被運了回來，而南丁格爾的任務就是要在這個痛苦嘈雜的環境中把事情弄得井井有條。不一會兒，又有更多的傷患從印克曼戰場中被運了回來。什麼事情也沒有準備好，一切都需要從頭安排。而當各種事務都在有序地進行著時，她自己就又會去處理其他更危險、更嚴重的事情。在她負責的第一個星期，有時她要連續站立*20*多個小時來分派任務。

「南丁格爾的感覺系統非常敏銳。」一位和她一起工作過的外科醫生說，「我曾經和她一起做過很多非常重大的手術，她可以在做事的過程中把事情做到非常準確的程度……特別是救護一個垂死的重傷患，我們常常可以看見她穿著制服出現在那個傷患面前，俯下身子凝視著他，用盡她全部的力量，使用各種方法來減輕他的疼痛。」

一個士兵說：「她和一個又一個的傷患說話，向更多的傷患點頭微笑，我們每個人都可以看著她落在地面上的那親切的影子，然後滿意地將自己的腦袋放回到枕頭上安睡。」

另外一個士兵說：「在她到來之前，那裡總是亂糟糟的，但在她來過之後，那兒聖潔得如同一座教堂。」

南丁格爾被譽為「護理學之母」，她創立了真正意義上的現代護理學，使護理工作成為婦女的一種受尊敬的正式社會職業。她的故事告訴我們，一個人來到世上並不是為了享受，而是為了完成自己的使命，正是在對她所熱愛的護理工作的強烈使命感的驅使下，在短短三個月的時間內，她使傷患的死亡率從42％迅速下降到2％，創造了當時的奇蹟。

1968年墨西哥奧運會比賽中，最後跑完馬拉松賽跑的一位選手，是來自非洲坦桑尼亞的約翰·亞卡威。他在賽跑中不慎跌倒了，拖著摔傷且流血的腿，一拐一拐地跑著。所有選手都跑完全程後很久了，直到當晚七點半，約翰才最後一個人跑到終點。這時看臺上只剩下不到一千位觀眾，當他跑完全程的時候，全體觀眾起立為他鼓掌歡呼。之後有人問他：「為何你不放棄比賽呢？」

他堅定地回答道：「國家派我由非洲繞行了7000里來此參加比賽，不是僅為起跑而已——乃是要完成整個賽程！」

是的，他肩負著國家給予的責任來參加比賽，雖然拿不到冠軍，但是強烈的使命感使他不允許自己做逃兵。

責任就是做好你被賦予的任何有意義的事情。

11 責任本身就是一種能力

在我們的生活和工作中首先要明確一點：責任比能力更重要，且責任本身也是一種能力。

現任北京外交學院副院長的任小萍女士說，在她的職業生涯中，每一步都是上級安排的，自己並沒有什麼自主權。但在每一個崗位上，她都有自己的選擇，那就是要比別人做得更好。

大學畢業那年，她被分到英國大使館做接線員。在很多人眼裡，接線員是一個很低階、沒出息的工作，然而任小萍在這個普通的工作崗位上做出了不平凡的成績。

她把使館所有人的名字、電話、工作範圍甚至連他們家屬的名字都背得滾瓜爛熟。當有些打電話的人不知道該找誰時，她就會多問，盡量幫他（她）準確地找到要找的人。慢慢的，使館人員有事外出時並不告訴他們的翻譯，只是給她打電話，告訴她誰會來電話，請轉告什麼，等等。不久，有很多公事、私事也開始委託她通知，使她成了全面負責的留言點、大秘書。

有一天，大使竟然跑到電話間，笑眯眯地表揚她，這可是一件破天荒的事。結果沒多久，她就因工作出色而被破格調去給英國某大報記者處做翻譯。

該報的首席記者是個名氣很大的老太太，得過戰地動章，授過勳爵，本事大，脾氣大，甚至把前任翻譯給趕跑了，剛開始時她也不接受任小萍，看不上她的資歷，後來才勉強同意一試。結果一年後，老太太逢人就說：「我的翻譯比你的好上*10*倍。」不久，工作出色的任小萍又被破例調到美國駐華聯絡處，她幹得同樣出色，不久即獲外交部嘉獎。

當你在為公司工作時，無論老闆安排你在哪個位置上，都不要輕視自己的工作，都要擔負起工作的責任來。那些在工作中推三阻四，老是埋怨環境，尋找各種藉口為自己開脫的人，對這也不滿意，那也不滿意的人，往往是職場的被動者，他們即使工作一輩子也不會有出色的業績。他們不知道用奮鬥來擔負起自己的責任，而自身的能力只有透過

在我們的生活和工作中首先要明確一點：責任比能力更重要，且責任本身也是一種能力。

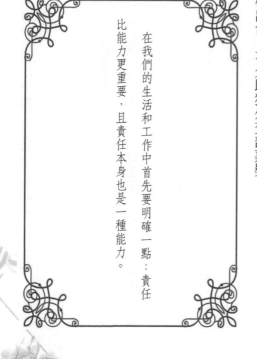

盡職盡責的工作才能完美的展現。能力，永遠由責任來承載。而責任本身就是一種能力。

薩拉想當一名護士，她對一位在地方醫院擔任夜間領班護士的鄰居羨慕不已。這位護士由於工作勤奮——認真完成自己的本職工作，多次獲得榮譽稱號。薩拉十分渴望能夠像這位鄰居那樣做出成績。薩拉決定向她理想中的目標邁出第一步，即穿上條紋制服，到醫院裡去擔任服務工作。

薩拉堅信自己適合從事護士工作，因為在她看來，穿上條紋制服是那麼有趣。她總是跟夥伴們一起嘰嘰喳喳地談天，在公共食堂裡休息，而在履行自己的職責時則顯得拖拖遝遝。病人抱怨說，由於她貪看病房裡的電視，病人想喝水也不得不長時間地等待。她受到院方的警告，隨後就退出了服務活動。薩拉在醫院的表現狀況不佳，這對她日後進入護士學校是個不小的障礙。為了證明她有能力擔負起自己的職責，她不得不比同學們做出更大的努力。

護士的工作需要極強的責任感和使命感，這是薩拉所沒有意識到的。她把護士工作作為理想，卻沒有用行動去實現這個理想。薩拉的故事告訴我們，履行職責是最大的能力，責任即能力！

有一位在一家公司擔任人力資源總監的先生講述了這樣一件事情：

2002年10月，我們公司的行銷部經理帶領一團人員參加某國際產品展示會。在開展之前，有很多事情要做，包括展位設計和佈置、產品組裝、資料整理和分裝等，需要加班工作。可是行銷部經理帶去的那一幫人員中的大多數人，卻和平日在公司時一樣，不肯多幹一分鐘，一到下班時間，就溜回賓館去了，或者逛大街去了。經理要求他們幹活，他們竟然說：「沒加班費，憑什麼幹啊。」更有甚者還說：「你也是打工仔，不過職位比我們高一點而已，何必那麼賣命呢？」

在開展的前一天晚上，公司老闆親自來到展場，檢查展場的準備情況。

到達展場，已經是凌晨一點，讓老闆感動的是，行銷部經理和一個安裝工人正揮汗如雨地趴在地上，細心地擦著裝修時粘在地板上的塗料。而讓老闆吃驚的是，其他人一個也見不到。

見到老闆，行銷部經理站起來對總經理說：「我失職了，我沒有能夠讓所有人都來參加工作。」老闆拍拍他的肩膀，沒有責怪他，而指著那個工人問：「他是在你的要求下才留下來工作的嗎？」

經理把情況說了一遍。這個工人是主動留下來工作的，在他留下來時，其他工人還一個勁地嘲笑他是傻瓜：「你賣什麼命啊，老闆不在這裡，你累死老闆也不會看到啊！還不如回賓館美美地睡上一覺！」

老闆聽了敘述，沒有做出任何表示，只是招呼他的秘書和其他幾名隨行人員加入到工作中

去。

但參展結束，一回到公司，老闆就開除了那天晚上沒有參加勞動的所有工作人員，同時，將與行銷部經理一同繼續佈展的那名普通工人提拔為安裝分廠的廠長。

我是人力資源總監，那一幫被開除的人很不服氣，來找我理論。「我們不就是多睡了幾個小時的覺嗎，憑什麼處罰這麼重？而他不過是多幹了幾個小時的活，憑什麼當廠長？」他們說的「他」就是那個被提拔的工人。

我對他們說的是：「用前途去換取幾個小時的懶覺，是你們的主動行為，沒有人逼迫你們那麼做，怪不得誰。而且，我可以以這件事情推斷，你們在平時的工作裡偷了很多懶。他雖然只是多做了幾個小時的事，但據我們考察，他一直都是一個積極主動的人，他在平日裡默默地奉獻了許多，比你們多幹了許多活，提拔他，是對他過去默默工作的回報！」

這是多麼生動的事例啊！在這裡，多一分的責任感，就多一分的回報，對於那個主動留下來的工人來說，雖然他只是一個普通職工，但是他表現出的強烈的責任感，卻是他遠勝別人的能力的表現。

很久以前，只有教堂裡才有風琴，而且必須派一個人躲在幕後「鼓風」，風琴才能發出聲音。

有一次，一位音樂家在教堂舉行演奏會，一曲終了，觀眾報以熱烈的掌聲，音樂家走到後臺休息。負責鼓風的人興高采烈地對音樂家說：「你看，我們的表現不錯嘛！」音樂家不屑地說：「你說我們？那是什麼意思？」說完他又重回台前，準備演奏下一首曲子。但是他按下琴鍵，卻沒有任何聲音。音樂家焦急地跑回後臺，對鼓風的人說：「是的，我們真的表現得不錯。」

這個故事顯示了責任的重要性，一個團體中的每個人都必須履行職責，才能讓每個人的能力得到發揮。在這裡，無論是音樂家還是鼓風師，他們對工作的責任讓能力得到展現，他們的責任本身就是一種能力。

西點軍校強調：沒有做不好的事情，只有不負責任的人。想證明自己的最好方式就是去承擔責任。不管做什麼事情，都要時刻記住自己的責任，無論在什麼樣的工作崗位上，都要對自己的工作負責。

沒有責任，就沒有壓力；沒有壓力，就沒有動力。各行各業都需要全心全意、盡職盡責的人。年輕人應該記住：無論做什麼工作，都能沉下心來，腳踏實地地去做。

一個不願承擔責任的人是不可能得到上司的賞識的，更不可能創造出卓越的成績。

一艘返航的空貨輪在大海上行駛時突然遭遇巨大風暴。船長下達命令：「打開所有貨艙，往裡面灌水。」

水手們擔心地說：「往船裡灌水很容易造成傾船，這不是增加危險係數嗎？」

船長自信地說：「我有經驗，這個辦法絕對可行，你們就按我說的做！」

水手們半信半疑地照著做了。雖然狂風巨浪非常猛烈，但隨著貨艙裡的水越來越多，貨輪漸漸地平穩下來。

船長告訴水手：「一隻空木桶，是很容易被風吹翻的，如果裝滿水負重了，風是吹不倒的。船在負重的時候，是最安全的；空船才是最危險的。」

可見，那些負重的人大多都遇事堅定，是沉重的責任感讓他們的人生腳步更加堅穩。而那些不願意承擔責任的人，遇事就很容易失去分寸，亂成一團。責任可以使人卓越。一個不負責任、沒有責任意識的人，不但不會為自己所在的團體做出貢獻，而且會給團體帶來很大的損失。

一位大型超市的經理到超市視察工作，正好碰到一位員工和一個顧客發生了爭執。問及原因才知道，這位結帳員對前來購物的顧客極為冷淡，還因顧客的詢問發了脾氣，顧客對她的服務很不滿意。因此發生了爭吵。

經理對這位員工說：「為顧客服務，讓顧客滿意，並讓顧客下次還願意到我們這裡來消費，這就是你的責任。不管顧客的態度如何，你都應該做到熱情服務。你的所作所為會讓我們的顧客感到很不舒服。你這樣做，不僅沒有承擔起自己的責任，而且使超市的信譽和利益受蒙受了損失。你這種不負責任的工作態度，使我們公司對你失去了信任。你可以離開了。」

一個不把自己當成自己公司的主人的員工，公司也不會把他當成自己的人。如果你不願意負責任，你就不能當領導。這是一個常識，也是一種人生態度。你願意負責任的事越多，你的能力就越大。負責任是擴大自己能力的一個人口。一個人有多重要，通常與他所負責任多少成正比。決定一個人成功的最重要因素不是智商、領導力、溝通技巧、組織能力、控制能力等，而是責任——一種努力行動、使事情的結果變得更積極的心理。

12 責任比能力更重要

有一位偉人曾說：「人生所有的履歷都必須排在勇於負責的精神之後。」責任能夠讓一個人具有最佳的精神狀態，精力旺盛的投入工作，並將自己的潛能發揮到極致。

一位化妝品公司的老闆費拉爾先生重金聘請了一位叫傑西的副總裁，他雖然非常有能力，但到公司一年多來，幾乎沒有創造什麼價值。

當然，傑西的確是一個人才。從他的檔案上顯示，他畢業於哈佛大學，到費拉爾公司之前，曾經在三家企業擔任高層主管。他非常擅長資本運作，曾經帶領一個五人團隊，用三年時間將一個20人的小企業發展成為員工上千人、年營業額五億多美元的中型企業，創造了令同行稱道的「傑西速度」；在1998年至2000年間，他更是叱吒華爾街，掀起一陣「傑西旋風」。這樣出色的人才，怎麼會創造不了價值呢？

「在個人能力方面，我是絕對信任他的。」費拉爾先生說。

「你瞭解他具備哪些能力嗎？」一位人力資源諮詢師問他。

「當然瞭解，在請他來之前，我是非常慎重的，我請專業獵頭公司對他進行了全面的能力測試，測試結果令我非常滿意。」費拉爾說，他還詳細列舉了傑西具備的各種能力，並舉出了傑西以前工作中的很多成功案例來佐證。

確實，費拉爾先生對傑西的能力是非常瞭解和倚重的，但是作為一名高層主管，傑西所需要的，絕不僅僅是薪水，單靠薪水，是難以建立他這種綜合能力很高的人才的責任感的。後來經過深入的溝通，那位諮詢師發現，傑西是一個勇於接受挑戰的人，工作的難度越大，越能激起他奮鬥的欲望，他隨時都有一種準備衝鋒陷陣的衝動。應該說，這樣的人才是企業的寶貴財富。

「在進入公司之初，我滿懷激情，

> 「人生所有的履歷都必須排在勇於負責的精神之後。」責任能夠讓一個人具有最佳的精神狀態，精力旺盛的投入工作，並將自己的潛能發揮到極致。

決心幹一番大事業，後來，我發現一切都不是我想像的那樣，越來越覺得沒意思，對公司也漸漸失去了認同，對自己的工作失去了興趣。」傑西終於說出了心裡的想法。他說：「我希望有一個能夠放開手腳大幹一場的工作環境，而不喜歡太多的束縛。」

原來，傑西的上司費拉爾先生有兩個致命的弱點：一是對所用之人難以放心，害怕能人挖公司的牆腳；二是喜歡親力親為，經常越級指揮。在很多事情上，使傑西感覺自己形同虛設。

傑西最需要的，應該是需求層次中的「自我實現的需求」，如果能夠以業績來證明自己，就是他人生最大的快樂。找到問題之後，諮詢師把費拉爾和傑西請到一起，共同分析公司授權和指揮系統方面的問題，明確了作為董事長兼總裁的費拉爾的職權範圍和作為副總裁的傑西的職權範圍，共同制定了公司的授權制度，以及組織指揮原則。透過他們的共同努力，情形發生了很大的變化。傑西幾乎是變了一個人，他做出了很多成績，而且，費拉爾先生和他已經成了不可分離的親密戰友。

這個故事很有啟發意義。傑西的轉變，使他自身出眾的才能得以充分發揮。而促使他轉變的關鍵因素，則是重新喚起了他對公司的責任感。實際上，傑西本人是極富責任感的——他的能力也是一流的，但他在費拉爾先生的公司裡起初的無所作為和以後的成功表現證明了責任勝於能力。然而，讓我們感到萬分遺憾的是，在現實生活以及工作中，責任經常被忽視，人們總是片面地強調能力。

的確，戰場上直接打擊敵人的，是能力；商場上直接為公司創造效益的，也是能力。而責任，似乎沒有產生直接打擊敵人和創造效益的作用。可能正是因為這一點，導致人們重能力輕責任。

人力資源考官在招聘新職員時，關注的總是「你有什麼能力」、「你能勝任什麼工作」、「你有什麼特長」之類關於能力方面的問題，而很少關注「你能融入到我們公司的文化中嗎」、「你認同我們公司的理念嗎」、「你如何理解對公司的熱愛」等關於責任的問題。主管們在分派任務時，也無意識中犯著類似的錯誤。他們過分強調員工「能夠做什麼」，而忽視了員工「願意做什麼」。

一個員工能力再強，如果他不願意付出，他就不能為企業創造價值，而一個願意為企業全心付出的員工，即使能力稍遜一籌，也能夠創造出最大的價值來。這就是我們常常說的「用*B*級人才辦*A*級事情」，「用*A*級人才卻辦不成*B*級事情」。一個人是不是人才固然很關鍵，但最關鍵的還在於這個人才是不是一個企業真正意義上負責任的員工。

當然，責任勝於能力，並不是對能力的否定。一個只有責任感而無能力的人，是無用之人。而責任則需要用業績來證明，業績是靠能力去創造的。對一個企業來說，員工的能力和責任都是動態的。

卡爾先生是美國一家航運公司的總裁，他提拔了一位非常有潛質的人到一個生產落後的船廠擔任廠長。可是半年過後，這個船廠的生產狀況依然不能夠達到生產指標。

「怎麼回事？」卡爾先生在聽了廠長的彙報之後問道，「像你這樣能幹的人才，為什麼不能夠拿出一個可行的辦法，激勵他們完成規定的生產指標呢？」

「我也不知道。」廠長回答說，「我也曾用加大獎金力度的方法引誘，也曾經用強迫壓制的手段威逼，甚至以開除或責罵的方式來恐嚇他們，無論我採取什麼方式，都改變不了工人們懶惰的現狀。他們就是不願意幹活，實在不行就招聘新人吧，讓他們走人！」

這時恰逢太陽西沉，夜班工人已經陸陸續續向廠裡走來。「給我一支粉筆，」卡爾先生說，然後他轉向離自己最近的一個白班工人，「你們今天完成了幾個生產單位？」

「6個。」

卡爾先生在地板上寫了一個大大的、醒目的「6」字以後，一言未發就走開了。當夜班工人進到車間時，他們一看到這個「6」字，就問是什麼意思。

「卡爾先生今天來這裡視察，」白班工人說，「他問我們完成了幾個單位的工作量，我們告訴他6個，他就在地板上寫了這個6字。」

次日早晨卡爾先生又走進了這個車間，夜班工人已經將「6」字擦掉，換上了一個大大的「7」字。下一個早晨白班工人來上班的時候，他們看到一個大大的「7」字寫在地板上。

夜班工人以為他們比白班工人好，是不是？好，他們要給夜班工人點顏色瞧瞧！他們全力以赴地加緊工作，下班前，留下了一個神氣活現的「10」字。生產狀況就這樣逐漸好起來了。不久，這個一度是生產落後的廠比公司別的工廠產出還要多。

卡爾先生就這樣巧妙的達到了提升生產效率的效果，是因為他用一個數字激起了員工對企業的責任意識。而這種責任感使得員工充分發揮出他們的能力，創造出驕人的業績。

責任勝於能力，我們要重視它，還因為另一個原因：能力永遠由責任承載。

如果你的領導讓你去執行某一個命令或者指示，而你卻發現這樣做可能會大大影響公司利益，那麼你一定要理直氣壯地提出來，不必去想你的意見可能會讓你的上司大為惱火或者就此衝撞了你的上司。大膽地說出你的想法，讓你的領導明白，作為員工，你不是在刻板地執行他的命令，你一直都在斟酌考慮，考慮怎樣做才能更好地維護公司的利益和領導的利益。同樣，如果你有能力為公司創造更多的效益或避免不必要的損失，你也一定要付諸行動。因為，沒有哪一個領導會因為員工的責任感而批評或者責難你。相反，你的領導會因為你的這種責任感而對你青睞有加。因為一種職業的責任感會讓你的能力得到充分的發揮，這種人將被委以重任，而且大概也永遠不會失業。

一個負責過磅稱重的小職員，也許會因為懷疑計量工具的準確性，而使計量工具得到修正，從而為公司挽回巨大的損失，儘管計量工具的準確性屬於總機械師的職責範圍。正是因為

這種責任感，才會讓你得到別人的刮目相看，或許這正是你脫穎而出的一個好機會。相反，如果你沒有這種責任意識，也就不會有這樣的機會了。成功，在某種程度上說，就是來自責任。

一家人力資源部主管正在對應聘者進行面試。除了專業知識方面的問題之外，還有一道在很多應聘者看來似乎是小孩子都能回答的問題。不過正是這個問題將很多人拒之於公司的大門之外。題目是這樣的：

在你面前有兩種選擇，第一種選擇是，擔兩擔水上山給山上的樹澆水，你有這個能力完成，但會很費勁。還有一種選擇是，擔一擔水上山，你會輕鬆自如，而且你還會有時間回家睡一覺。你會選擇哪一個？

很多人都選擇了第二種。

當人力資源部主管問道：「擔一擔水上山，沒有想到這會讓你的樹苗很缺水嗎？」

遺憾的是，很多人都沒想到這個問題。

一個小夥子卻選了第一種做法，當人力資源部主管問他為什麼時，他說：「擔兩擔水雖然很辛苦，但這是我能做到的，既然能做到的事為什麼不去做呢？何況，讓樹苗多喝一些水，它們就會長得很好。為什麼不這麼做呢？」最後，這個小夥子被留了下來。而其他的人，沒有通過這次面試。

人力資源部主管是這麼解釋的，「一個人有能力或者經過一些努力就有能力承擔兩份責任，但他卻不願意這麼做，而只選擇承擔一份責任，因為這樣可以不必努力，而且很輕鬆。這樣的人，我們可以認為他是一個責任感較差的人。」

當你能夠盡自己的努力承擔兩份責任時，你所得到的收穫可能就是綠樹成林，相反，你看起來也在做事，可是由於沒有盡心盡力，你所獲得的可能就是滿眼荒蕪。這就是責任感不同的差距。

這個題目很簡單，但裡面蘊含著豐富的內容，往往越是簡單的問題越能看到一個人的本質。如果你有能力承擔更多的責任，就別為只承擔一份責任而慶幸，因為你只知道這樣會很輕鬆，卻沒有想到會因此失去更多的東西。

所以，學著認識責任的價值，認識它對能力的重要意義，有了強烈的責任感，個人能力才能得到最大化體現。從這個角度講，責任確實重於能力，而我們也理應給予重視的。

13 堅守責任的力量

這是一個有關大象的故事，儘管它們只是動物，但卻和人一樣，也懂得責任。

在非洲大草原上，生活著一群大象。這些大象相依為命，別看牠們身形巨大，但是牠們的生存能力並不像牠們的身形一樣強大。

有一年夏天，雨很少，而大象需要的水卻特別多。牠們生活的地方已經沒有多少水了，牠們必須找到新的水源。這一群大象開始了流浪，因為牠們也不知道哪個地方水更多。在他們尋找水源的時候，一頭母象產下了一隻小象。整個大象群都很開心，牠們不時地用鼻子發出喜悅的聲音。但是，母象卻很擔心，因為她擔心小象支撐不到找到水的那一天。非洲的夏天熱得不得了，大象們無精打采地走啊走，牠們已經沒有多少力氣了。

很多大象已經慢慢地倒下了，還有一些大象趁著自己還沒倒下，就悄悄地離開了，因為牠們不忍心讓別的大象看到自己死去的樣子，就獨自離群了。這些大象找到水，就讓小象喝，因為小象比牠們更虛弱。但是，每一次的水都太少了，小象沒喝幾口，水就沒了，所以很多大象一直都沒有水喝。

大象群裡的大象越來越少了，但是剩下的大象並沒有放棄，一旦找到充足的水源，牠們就得救了，為了小象，為了彼此的夥伴。

堅守責任能夠使動物的世界生生不息，對人來說，承擔責任，則是守住生命最高的價值，將責任感深植於內心之中。

將責任感根植於內心，讓它成為我們腦海中一種強烈的意識，在日常行為和工作中，這種責任意識會讓我們表現得更加卓越。我們經常可以見到這樣的人，他們在談到自己的公司時，使用的

責任不僅讓人勇敢，責任還能戰勝死亡和恐懼。面對責任，我們無從逃避，只有勇敢地迎上前去，能夠這樣挑戰生命及困難的人，他應該成為一個堅強的人。

代名詞通常都是「他們」而不是「我們」，「他們業務部怎麼怎麼樣」，「他們財務部怎麼怎麼樣」，這是一種缺乏責任感的典型表現，這樣的員工至少沒有一種「我們就是整個機構」的認同感。

一位著名的企業家說：「當我們的公司遭遇到了前所未有的危機時，我突然不知道了什麼叫害怕，我知道必須依靠我的智慧和勇氣去戰勝它，因為在我的身後還有那麼多人，可能就因為我，他們從此倒下。我不能讓他們倒下，這是我的責任。所以我在最艱難的時候，才變得異常的勇敢。當我們走出困境的時候，我對自己的勇敢難以置信，我會這麼勇敢嗎？是的，那一次遭遇讓我真正明白了，惟有責任，才會讓你超越自身的懦弱，真正勇敢起來。」

責任能夠讓人戰勝懦弱和恐懼，戰勝死亡的威脅，因為在責任面前，人們變得勇敢而堅強。

這是一個民間登山隊，他們要對世界第一峰——珠穆朗瑪峰發起進攻。雖然人類攀登珠峰已經不止一次了，但這是他們第一次攀登世界最高峰。隊員們既激動又信心十足，他們有決心征服珠穆朗瑪峰。

經過考察後，他們選擇自己狀態很好，天氣也很好的一天出發了。攀登一直很順利，隊員們彼此互相照應，沒有出現什麼問題，高原缺氧的情況也基本能夠適應，在預定時間，他們到達了1號營地。大家都很高興，因為有了一個良好的開始，就等於成功了一半。

第二天，天氣突然發生了變化，風很大，還有雪。登山隊長徵求大家的意見，要不要回去，因為要確保大家的生命安全。生命只有一次，登山卻還有機會。但是大家都建議繼續攀登，登山本來就是對生命極限的一種挑戰。

於是，登山隊繼續向上攀登。儘管環境很惡劣，但是隊員征服自然，征服珠穆朗瑪峰的信心卻十足，大家小心翼翼地向上攀登。「隊長，你看！」一個隊員大喊，大家循聲望去，在離他們很遠的地方發生了雪崩。雖然很遠，但雪崩的巨大衝擊力波及到了登山隊，一名隊員突然滑向另一邊的山崖，還好，在快落下山崖的那一刻，他的冰錐緊緊地插進了雪層裡，他沒有滑落下去。但他隨時有可能被雪崩的衝擊力推下去。

形勢嚴峻，如果其他隊員來營救山崖邊的隊員，有可能雪崩的衝擊力會將別的隊員衝下山崖。如果不救，這名隊員將在生死邊緣徘徊。

隊長說：「還是我來吧，我有經驗，你們幫我。大家把冰錐都死死地插進雪層裡，然後用繩子綁住我。」

「這很危險，隊長。」隊員們說。

「已經沒有猶豫的時間了，快！」隊長下了死命令。大家迅速動起手來，隊長繫著繩子滑向懸崖邊，他死命地拉住了抱住冰錐的隊員，其他隊員使勁把他倆往上拉。就在下一輪雪崩衝

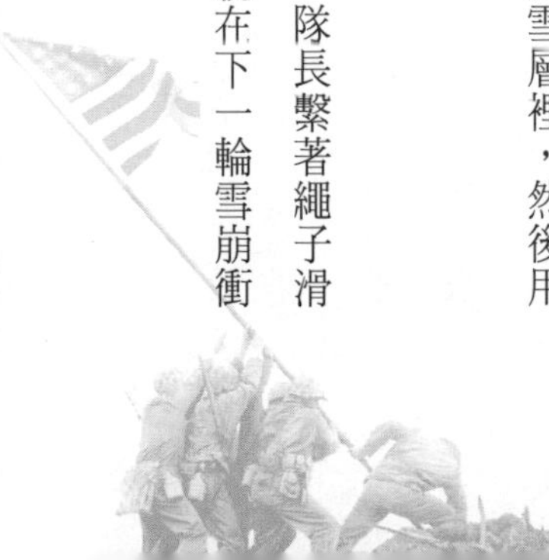

擊到來之前，隊長救出了這名隊員。全隊沸騰了，經過了生死的考驗，大家變得更堅強了。最終，登山隊征服了珠峰。

站在山峰上，他們把隊旗插在山峰的那一刻，也把他們的榮譽和責任留在了世界上最純淨的地方。後來，隊長說：「當時我也非常恐懼，隨時可能屍骨無還，但我知道，我有責任去救他，我必須這麼做。責任的力量太大了，它戰勝了死亡和恐懼。真的。」

責任不僅讓人勇敢，責任還能戰勝死亡和恐懼。面對責任，我們無從逃避，只有勇敢地迎上前去，能夠這樣挑戰生命及困難的人，他應該成為一個堅強的人。

但是，堅守責任是不容易的，需要付出很多代價，更關鍵的是，只有認清責任，才能更好的承擔它，堅守責任的力量。

上帝創造了世界之後，也創造了動物，於是召開動物大會，來給動物安排壽命。上帝說：「人的壽命是20年。牛的壽命是30年。雞的壽命是25年。」

人說：「上帝呀，我非常尊敬您，但是我的壽命也太短了，人生的很多樂趣享受不到了。」上帝還沒有說話，牛就說了：「上帝呀，我每天都要幹活，您給我30年的壽命，我就要做30年的活兒，太辛苦了，能不能少點。」雞也說：「我每天報曉也很辛苦，能不能少點壽命。」上帝說：「好吧，牛和雞，把你們20年的壽命給人吧。」從此以後，人就有了60年的壽命。在前20年

「像人一樣」快樂地活著，下一個20年是為家庭活著，像牛一樣辛勞，最後20年是報曉的雞，起來得最早，叫全家人起床。

☆責任☆

我們每一個人都有責任。有些責任是與生俱來的，有些責任是因為工作、朋友而產生的，這些責任是每個人推脫不掉的。

在這個世界上，沒有不須承擔責任的工作，相反，你的職位越高、權利越大，你肩負的責任就越重。不要害怕承擔責任，要立下決心，你一定可以承擔任何正常職業生涯中的責任，你一定可以比前人完成得更出色。

只有認清自己的責任，才能知道該如何承擔自己的責任，正所謂「責任明確，利益直接」。也只有認清自己的責任時，才能知道自己究竟能不能承擔責任。因為，並不是所有的責任自己都能承擔的，也不會有那麼多的責任要你來承擔，生活只是把你能夠承擔的那一部分給你。

學會認清責任，是為了更好地承擔責任，堅守責任。要想做到這點，首先要知道自己能夠做什麼，然後才知道自己該如何去做，最後再去想我怎樣做才能夠做得更好。

在一家公司裡，每個人都有自己的責任。但要區分責任和責任感是不一樣的概念，責任是對任務的一種負責和承擔，而責任感則是指一個人對待任務的態度，一個人不可能去為整個公司的生存承擔責任，但你不能說他缺乏責任感。所以，認清每一個人的責任是很有必要的。

只有讀懂了它，我們才能按照它的規則去做事，去全力的完成我們該完成的事情，這就是責任，也是責任所帶給我們的莫大力量。因為有責任，我們不再恐慌和徬徨，做事有目標性和方向感。這就是責任給我們的益處，因此，要時刻讓自己具有責任感。

西點學員章程規定：每個學員無論在什麼時候，無論在什麼地方，無論穿軍裝與否，也無論是在擔任警衛、值勤等公務還是在進行自己的私人活動，都有義務、有責任履行自己的職責和義務。這種履行必須是發自內心的責任感，而不是為了獲得獎賞或別的什麼。

這樣的要求是非常高的。但西點認為，沒有責任感的軍官不是合格的軍官，沒有責任感的員工不是優秀的員工，沒有責任感的公民不是好公民。在任何時候，責任感對自己、對國家、對社會都不可或缺。正是這樣嚴格的要求，讓每一個從西點畢業的學員獲益匪淺。

西點認為，一個人要成為一個好軍人，就必須遵守紀律，有自尊心，對於他的部隊和國家感到自豪，對於他的同志們和上級有高度的責任義務感，對於自己表現出的能力有自信。我認為，這樣的要求，對每一個企業的員工同樣適用。

一個商人需要招聘一個夥計，他在商店的窗戶上貼了一張獨特的廣告——「招聘：一個能自我克制的男士。每星期40美元。」

每個求職者都要經過一個特別的考試。卡特也來應聘，他忐忑地等待著，終於，該他出場了。

「能閱讀嗎？」

「能，先生。」

「你能讀一讀這一段嗎？」商店老闆把一張報紙放在卡特面前。

「可以，先生。」

「你能一刻不停頓地朗讀嗎？

「可以，先生。」

「很好，跟我來。」商人把卡特帶到他的私人辦公室，然後把門關上。他把這張報紙送到卡特手上，上面印著卡特要讀的一段文字。

閱讀剛一開始，商人就放出6隻可愛的小狗，小狗跑到卡特的腳邊，相互嬉戲吵鬧。許多應聘者都因受不住誘惑要看看美麗的小狗，視線離開了報紙，因此而被淘汰。但是，卡特始終沒有忘記自己的角色，他知道自己當下是求職者，他不受誘惑一口氣讀完報紙。

商人很高興，他問卡特：「你在讀書的時候沒有注意到你腳邊的小狗嗎？」

卡特答道：「是的，我注意到了，先生。」

「我想你應該知道牠們的存在，對嗎？」

「對，先生。」

「那麼，為什麼你不看一看牠們？」

「因為你告訴過我要不停頓地讀完這一段。」

「你總是遵守你的諾言嗎？」

「的確是，我總是努力地去做，先生。」

商人在辦公室裡來回走著，突然高興地說道：「你就是我想要找的人。」

卡特是商人想要雇用的人，因為他一旦知道了自己的工作職責，就會帶著強烈的責任感去完成它。

生活中我們常常聽見別人說：「過一天算一天吧，不至於丟掉飯碗就行了！」這種人實際上已經失去了強烈的責任感，承認了自己人生的失敗。

有這樣一個故事：在一列火車上，有一位婦女將要臨盆。列車長廣播通知，緊急尋找一位婦產科醫生。這個時候，有一位婦女站出來了，說她曾在醫院婦產科上班，列車長趕忙把她帶入一間用床單隔開的病房。

毛巾、熱水、剪刀、鉗子什麼都到位了，只等最關鍵的時刻到來。那位自稱婦產科的女子此刻非常著急，將列車長拉到產房外，說明產婦的情況緊急，並告訴列車長自己其實是婦產科的一名護士，並且由於一次醫療事故而被醫院開除了。今天這個產婦情況不好，人命關天，她自覺能力不夠，建議立即送往醫院搶救。此時，產婦由於難產而非常痛苦地尖叫著，而列車距最近的一站還要行駛一個多小時。列車長鄭重地對她說：「你雖然只是一名護士，但在這趟列車上，妳就是醫生，我們相信妳！」

列車長的話感染了這名護士，她準備了一下，走進產房時又問：「如果在不得已時，是保小孩還是保大人？」

「我們相信妳！」列車長又鄭重地重複了一遍。這位婦女明白了，她堅定地走進產房。列車長輕輕地安慰產婦，說現在正由一名專家給她助產，請產婦安靜下來好好配合。

出乎意料的是，那位婦女幾乎單獨完成了這個手術，嬰兒的啼哭聲宣告母子的平安，而強烈的責任心讓這位婦女完成了她有生以來最為成功的手術。

強烈的責任感能喚醒一個人的良知，也能激發一個人的潛能。但在生活和工作中，隨處可以見到這樣一些人，他們失去了自己的責任感，只有等別人強迫他們工作時，他們才會工作，他們從來沒有真正考慮過自己身體內到底有多少潛能。

一個有責任感的員工，當他面臨挑戰和困難時，他會迸發出比以往強大若干倍的能力和勇氣，因為他知道，很可能因為他的懦弱讓企業承受巨大的損失，只有勇敢地面對，才有可能真正擔當起責任，不讓企業遭受損失。這就是責任帶給我們的力量，也是我們堅守它的原因。

14 責任是卓越的原動力

一位人力資源部經理，在給職員培訓時講了他的一次親身經歷。他對職員說，他一輩子都不能忘記這次經歷，他要組織公司的人也接受這樣的一次訓練。他想讓每個人都知道，責任是什麼。

這是一次野外拓展訓練：

一群陌生的人組成一個團隊。我們需要完成四項任務，每一項任務都需要團體來完成。如果有一個人沒有完成，那麼輸掉的將是整個團隊。

每一項任務極為艱難。不過還好，我們這支叫做「狂飆」的隊伍已經完成了艱難的三項，只剩下最後一項任務了。任務名曰：「一線生機」。要求隊員必須爬到十米高的一個立柱上，然後站到立柱頂端的一個圓盤上，接著向斜前方縱身一躍，凌空抓住距離自己有1.2米遠的一根橫木，算完成任務。據這裡的管理人員說，有很多人站到圓盤上不敢站起來，甚至都嚇哭了，更別說完成任務。

沒有一個隊員有足夠的把握完成任務，很多人甚至連勇氣都不足。但是必須完成，否則所有的努力都將前功盡棄。

總會有一個人敢先嘗試，在其他隊員近乎喊破嗓子的吶喊加油聲中，這個「先行者」成功了。大家相互鼓勵，一個接一個都完成了任務。

輪到最後一位了，她是個嬌小的女生。

當她剛剛爬上立柱的時候，我們就看到她的腿在發抖，而且越抖越厲害。我知道，其實很多人都知道，我們輸了。但大家還是給了她最堅決、最熱烈、最振奮人心的支持和鼓勵還有指導，因為那個時候輸贏已經不重要了，大家就是覺得不能讓她一個人落下。這

責任是一種精神，也是卓越的原動力。責任能讓人戰勝膽怯，一個人的責任感可以讓別人也懂得什麼是責任。一個人承擔起責任，並時時保持一種高度的責任感，會讓其他的人受到感染，樹立起自己的責任感。

是我們的責任，她是我們的隊員，我們有責任帶她一起走。

當我們的心已經提到嗓子眼兒的時候，她已經蹲在圓盤上了。看得出，僅是站起來對她來講都是極為艱難的事情。大家還在拚命加油，雖然大家都知道，對於站在十米高地方的她而言，我們的聲音已經很微小了，甚至根本聽不清我們在說什麼，但我們能做的只有這些了，而且我們必須把我們能做的做好，這是責任。

她真的站了起來。我們知道，一個人站在上面真是很困難，無依無靠，甚至有些孤獨，儘管僅僅是一剎那間。所有人都屏住了呼吸。

好像是在等了好久之後，她縱身一躍。我們都閉上了眼睛。我覺得那一刻，我比她更緊張。她成功了。之後是雷鳴般的掌聲，我還記得當時我的手都拍疼了。不光是因為勝利，最主要的是完成了任務。我們的任務，還有她的任務。我們沒有丟下她，她沒讓我們失望。

後來，這個女生對我們說她有輕度的懼高症，「但是，我不能放棄，我的放棄會使整個團隊輸掉。」她的話像錘子一樣重重地砸在了我們的心裡，我們知道，那是責任的力量。

我們贏得了最後的勝利，而且只有我們一支隊伍完成了任務，也是迄今為止第一支完成任務的隊伍。我們被授予了勇士勳章。勳章上寫著：

責任即榮譽。

責任是一種精神，也是卓越的原動力。責任能讓人戰勝膽怯，一個人的責任感可以讓別人也懂得什麼是責任。一個人承擔起責任，並時時保持一種高度的責任感，會讓其他的人受到感染，樹立起自己的責任感。

雖然承擔責任不是做給別人看的，但是一旦你做到了這一點，就會影響到其他人。別人可能沒有你做得好，但只要做了，就能看出他已經意識到自己的責任了。

這就是責任的力量。

麗莎和凱琳是一對姐妹。在一個風雪交加的下午，麗莎從家裡的郵筒中取出了一封信。可是這信不是她家的。信上赫然寫道：*k*市大河沿路*60*號，而麗莎的家是在*K*市小河沿路*60*號。

「姐姐，這可怎麼辦？」麗莎問。「等郵差下次來時再取走吧。」凱琳說。

「但，姐姐，郵差三天才來一次呢？要是有什麼急事，那不就耽誤了嗎？」

「那你說怎麼辦，爸爸媽媽又不在家。」

姐妹倆一時也不知該怎麼辦？送去，外面風雪交加，兩個孩子有些膽怯，因為麗莎*9*歲，凱琳也只有*11*歲。不送，要是人家有急事耽誤了可怎麼辦呢？

「我覺得我們還是應該送去，雖說和他們是陌生人，但我們收到了別人的信，理應給別人送去，這也是我們應該做的，你說呢？」凱琳說。

「姐姐，我也是這麼想的。我們一起去吧。」

就這樣，兩個小女孩穿好衣服，帶著這封信就走進了風雪中。她們倆也不知道大河沿路到底有多遠，她們倆一路走一路打聽。

「嘿，我說小孩，這麼大的雪還出來幹嗎？大河沿路，遠著呢，怎麼不讓你們的父母帶你們去？一直走，到第五個路口向右拐，然後再打聽。」一個陌生人這樣對姐妹倆說。

麗莎和凱琳深一腳淺一腳扶著往前走，雪太大了，她們看不清前方。

「麗莎，我們一定會把信送到的，對嗎？」凱琳問。

「我也是這麼想的，姐姐，一定會的。」麗莎堅定地說。

她們走了很長時間，終於來到了大河沿路60號。姐妹倆高興極了。門開了。出來了一位年輕的女人。「你好，孩子，你們有事嗎？」年輕的女人問。

「這是大河沿路60號嗎？」

「對呀，有事嗎？」

「是這樣的，我們家住在小河沿路60號，郵差把你家的信送到了我家，我們給您送來了，怕您著急。」凱琳說。

年輕的女人向外看了看，「就你們倆，沒有大人嗎？」

年輕的女人感激地看著這兩個孩子，不停地說謝謝。

這件事情過了一個月之後，有一天，一個陌生的男子來到了麗莎的家。爸爸媽媽並不認識這個來訪的人。這個陌生人說：「我是住在大河沿路60號的，一個月前，我的信被誤送到你家，是你的兩個孩子冒著大雪給我送回家的，多虧了這兩個孩子，當時我的父親病重急需一筆錢，那封信是讓要我給家裡送錢的，晚了我的父親就活不了了，太謝謝孩子們了。」

爸爸媽媽笑了，他們並不知道自己的孩子做了一件這麼偉大的事情。

「還有一封你家的信。」這個男人掏出了一封麗莎家的信。「如果沒有這兩個孩子的這種責任感，我想我是不會給您送過來的，而是要等到郵差來取走，你的孩子讓我懂得了什麼是責任。」

在我們的生活中，有些事情我們可以不去做，但責任要求我們去做，甚至責任要求我們完成一些我們能力很難完成的事情。如果你做到了，得到的不僅僅是心理上的坦蕩和安然，你的精神和責任會感染別人，然後別人會因為你的感染也更有責任感。責任作為卓越的原動力，具有傳遞的效果。我們的公司同樣需要這種責任的傳遞。

在公司中，並不是所有的職員工都能對自己的工作有強烈的責任感，但是如果他周圍的同事，整個公司環境都是一種充滿責任的氛圍，那麼這樣的職員也會被別人的精神所感染，進而能夠承擔起自己的責任。他會發現，承擔責任並不是件很困難和痛苦的事情，相反，擔當起責

任會給他一種驕傲的感覺，因為他在這個公司中同樣是重要的、不可或缺的。與其逃避責任，不如勇敢地承擔起來，說不定你的勇敢會成為你成功的契機。

這就是一種責任的傳遞，就是成功的原動力，明白這點後努力去做才是最重要的。

15 責任就是要用結果說話

在西點軍校，無論從哪方面講，對學員的評價和座位的排定都是以對他們的定量考核為基礎的，而不是看他們在社交場合是否活躍。他們的體能訓練成績（俯地挺身、仰臥起坐和兩公里跑）要計入學業等級。他們的平均學業積分要作為他們在同班同學中排名的依據——這個排名位置決定著每個人可供選擇的軍官職位的多少，以及每名學員在第一次分配工作時可以在多少職位間進行挑選。可以說，從「報到日」到「畢業日」，對學員的評估和界定都是以實際表現而不是以語言或社交能力為基礎的。這種教育模式力圖告訴學員們：在這裡，結果才是最重要的！

這種「只重結果」的思想會帶入新軍官第一次分配的工作中，往往還要相伴終生。作為軍人，他們深知，完美覆命比什麼都重要。許多長期深孚眾望的領導者往往透過持續不斷的完美

表現，而不是透過大聲發表空洞的政治宣言來表現自己。

美西戰爭時，哈里中尉被派駐南部高地擔任陸軍連長，負責帶領*150*名美軍士兵參加戰鬥。後來，他曾這樣描述發生在那次戰爭中的一個故事：

上級命令我們在最短的時間內在一個偏遠的地方修建一個臨時跑道。長官希爾中校和我們一樣，承受著巨大的壓力。

有一天，他前來視察進度，看到用有孔鋼板搭建的地基，他認為我們做得不對，便怒聲問道：「是誰下令這樣建的？」

我馬上回答：「報告長官，是我。」

在西點所受的訓練，讓我養成了勇於覆命和承擔責任的習慣。如今，發生這種情況，我還是按以前的習慣回答，當然，我也希望可以有另外的回答，以避免這樣直率地暴露我的失誤。中校聽後非常生氣，不過他並未再說什麼。大家都認真地討論，以求找出一種合適的彌補方法。其實，當時我可以不必去覆命，我有很多藉口可找，完全可以把責任推到別人頭上，從而開脫我自己，但最終我沒有那樣做，我選擇了相對於我們這個團隊來說是最好的決定，儘管這樣我的自尊會受到一定的傷害。

一個月以後，在我的團隊中又發生了另外一件事情。那天，我接到上級的命令，讓我們放下手頭的工作，把所有人員和設備轉移到距此地50公里外的一個非常偏僻的地方，去修建一座被損壞的大橋，以便能迅速恢復高地的糧食和其他供應。

而就在要轉移的時候，負責駕駛搬運挖土機的掛車的普列向我報告：「長官，我的車子剎車壞了。」

我們倆對視了一會兒，心裡都明白，季風季節剛剛過去，而在這個季節中，受雨水和泥土浸泡的機車已受到極大的損壞，並且在這樣艱苦的情況下，根本沒有配件可換。但任何車輛沒有剎車都是絕對致命的，更何況這輛掛車還得負重一輛40多噸重的挖土機，跋涉泥濘不堪的山路，沒有剎車就等於自殺。最後，我對普列說：「如果不把那個挖土機拉過去，在那邊我們就根本沒法工作，只有靠它才能把損壞的橋樑挪開。我們是否還有別的辦法呢？」

後來，他無奈地說：「長官，我可以試一下用引擎減速，但如果那樣的話，到那邊後，這輛車可能就徹底報銷了。」

> 只知道用行動、用業績證明自己。這種人最容易受老闆青睞，也離成功最接近。
>
> 在工作中按時完成任務、創造優秀業績的員工永遠是公司的支柱。

我考慮了一會兒，問道：「普列，那樣的話，你能確保成功嗎？」我很明白，這樣就是要他用生命做代價去換取這次任務的成功，我也等著他可能拒絕的回答，到時，我就只能再去想別的解決辦法——但其實已沒有別的辦法可想了。但，出乎我意料的是，普列說：「長官，我試試看吧！」

隊伍出發後，我和普列都提心吊膽，在一種極其緊張的心態下走完50公里的路程，未敢鬆一口氣。到達目的地後，那輛車的確報廢了，但普列總算活過來了，挖土機也完好如初。當普列走下掛車的那一刻，我看見他搖搖晃晃，似乎快要崩潰了。的確，在這以前，我從未要求過我的部屬冒這麼大的風險，以後也再沒有過，我以普列為榮，真的！

讓普列去冒這樣的生命危險，當時我的內心其實還是經過一番掙扎的。同在戰場上出生入死，這種感情情同手足，我碰到的是一件棘手的事情——我為什麼要求我的兄弟去冒這樣大的危險？為什麼？

但我現在也一直認為，我那次的決定是對的，如果事情會重現一次，我還會那樣去做，當然這種想法並不是因為普列的平安無事，而是一種團隊責任、一種團體精神、一種執行力、一種覆命精神。

從感情上講，我還是很高興，他並未因此而喪生，否則我會終生內疚。如果他犧牲了，我也不會懷疑我的決定，但我會感到自責。既然決定是對的，那我就會果斷地決定去做，不管結果如何。對我來講，這件事情是對我一生的考驗。而普列選擇的是服從和執行，他表現得更加偉大，並且他最後還是成功了。

在情況緊急時發佈絕對服從的命令，沒有任何藉口可言，這是在西點軍校一點一滴地培養出來的。我們要對所有的事情不斷反省、質疑、分析，然後做出合適的決定。我不知道普列當時是怎樣考慮的，並決定執行的。其實，在此之前的普列並沒有什麼特別的地方，並且在連隊

中是出了名的不修邊幅。但在他成功覆命之後，他成了我眼中的英雄。覆命的結果證明他是一個沒有任何藉口的人、勇於負責的人，他提升了他人生的價值，使千千萬萬的人從中獲益。

在普列就要退伍離隊時，他找到我說：「長官，我最近就要退伍回家了，如果我能從四級升到五級，我回到家鄉一定會很榮耀。」

可能是他的不修邊幅和學歷不高，他的軍士長一直沒有提升他。現在他希望我能提升他一級。我牢記著他那一次的服從和奉獻，牢記著我們同甘共苦的經歷，我叫他先回去，然後我叫來他的軍士長，我說：「萊克，我想晉升普列一級。」他立刻說了一大堆不同意的理由。聽完後，我冷靜地說：「萊克，讓普列升一級。」

普列回家時，已經升為五級專員了，後來我再也沒有聽到有關他的消息，但我認為，他是一個品德高尚的人。

哈里中尉講的故事給我們提供了一個完美覆命的範本。有覆命意識的人，也必定是負責、高效能、執行力強、忠於使命、熱忱、自動自發、沒有任何藉口、敢於挑戰困難、盡一切辦法完成任務的人。在覆命精神的內在力量驅使下，我們常常更容易油然而生一種崇高的職業道德與精神。

勇於承擔與執行，是一種基本的職業操守，是一種忠於使命的精神，是一種源自內心的價值觀，是一種不折不扣的執行力，是一種積極主動的意識，是一種拒絕藉口的態度，是一種重視結果的責任，是一種蔑視困難和問題的心智，是一種高效完成任務的策略，是一種無往不勝的競爭力，是一種走向成功的模式。優秀的人懂得，只有完成任務才能說明一切，唯有優秀業績方能證明自己。一個人不管有多高的才華、多誠的心意和多大的決心，如果沒有優秀的業績做基礎，一切都將歸於零。

在工作中，業績才是檢驗職員的重要標準。對公司來說，擁有業績突出的優秀職員，公司的發展才能蒸蒸日上。同樣，擁有那些逃避責任不敢執行的末流員工而又不及時剔除的話，他們就會像一個爛蘋果一樣，迅速將箱子裡的其他蘋果腐爛掉，而公司也就會被慢慢腐蝕掉。所以，公司的管理者對「爛蘋果」——末流員工必須毫不猶豫地剔除！

美國作家阿爾伯特・哈伯德是《把信送給加西亞》一書的作者。在一次公開演講中，他講述了到某個小鎮參觀的經歷：

我們參觀了那裡的法庭、第一國家銀行、磚場、醫院和監獄。之後，他們帶我參觀了當地的水電站。那是一個壯觀的鋼混結構工程，大部分的時間都利用水力發電。水電站的負責人是一個年方21歲的年輕人。我注意到他的紐扣處別著一枚發光的朱比特徽章，所以我們的話題就從朱比特開始了。

我注意到通往水電站的公路旁250米處有一條磚路，這個年輕的負責人無意中提到，那是他和他的工友們一起鋪築的。他開玩笑說，他們這樣做僅僅是為了消磨時間。

通常，那樣的工作都是交由包工隊完成的，但我發現在這裡卻是由這個年輕人掌控著全局，他很有經濟頭腦。

我問了他幾個問題，諸如他是哪裡人，但他微笑著將話題避開，然後又將我的注意力拉回到他們新引進的發電機上。在回城的路上，一個組委會官員對我說：「你最好注意一下那個孩子，他3年前才來到這裡的，當時我們正在建設發電廠，包工頭就雇傭他當送水員，第二週他就當上了計時員。」

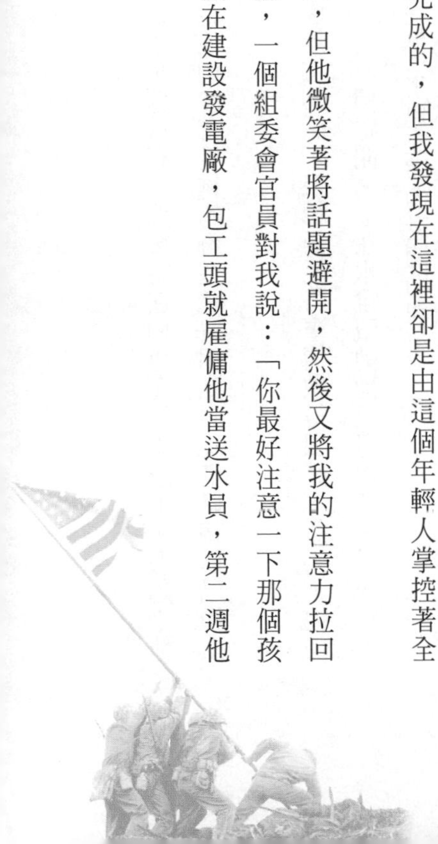

一天晚上，老闆看到他撕開幾米長的紅色法蘭絨布，然後將它們包在日光燈上，看起來他們沒有足夠的紅燈照明。他很抱歉地解釋說他們沒有足夠的資金購買相應的設備以替換已損壞的那些。

這就是他所有的回答，他從不多說什麼無益的話，但總是能將事情做得很好。每天，他總是很早便來到電廠上班，而且往往是晚上最後一個離開。他在水電廠勤勤懇懇地工作了一年，當包工隊將要離開的時候，這個小夥子已經當上了包工隊的老闆助理。

每次老闆去芝加哥開會的時候都會把所有的事情都交給他處理。沒有什麼所謂的「任命」，他就那麼自然而然地臨時接替了老闆的職務。

聽完艾爾伯特・哈伯德的這一段經歷，你是否有所感觸呢？這個年輕人很低調、很勤奮，只知道用行動、用業績證明自己。這種人最容易受老闆青睞，也離成功最接近。

在工作中按時完成任務、創造優秀業績的員工永遠是公司的支柱。對一個公司來說，這樣的員工是老闆最重要的資本——品牌、設備或產品都無法和他們相比。正是他們創造了這一切，包括產品、服務、客戶等。因此，每一名員工唯有嚴格要求自己、保證完成任務、努力提升業績，才能在激烈的競爭中立於不敗之地，成為企業不可或缺的一員，而不是隨時可能被剔除掉的「爛蘋果」。

服從

16 將服從訓練成習慣

英國的威靈頓公爵是拿破崙戰爭時期的英軍將領，曾任英國第25、27任首相，治軍嚴格的他被稱為「鐵公爵」，他曾說：「服從命令是一個軍人的天職，這是我們的責任，並不是侮辱。軍人必須把服從訓練成本能，訓練成習慣。」

「一切行動聽指揮」是軍人的一種本能，成為一名軍人（從業者）學會的第一件事情就是服從。服從就是無條件執行上司的命令。在西點軍校的觀念中服從是一種至高無上的道德。對西點人來講，對權威的服從是百分之百的正確，因為軍人就是要執行作戰命令，要帶領士兵向設有堅固防禦之敵進攻，沒有服從就沒有勝利。

西點退役上校唐尼索恩在他的回憶錄裡描述過他當年剛進西點時的一個小故事：

*1962*年，當時我還是一個對未來充滿幻想的*18*歲年輕人，報到那一天我穿著一件紅色*T*恤和短褲，提著一個小皮箱來到西點軍校。在體育館辦理完報到手續之後，我就走向校園中央的大操場。

在操場邊上我看到了一位穿制服的學長，他當時的樣子只能用完美無瑕來形容：他肩上披著紅色的值星帶，表明他是新生訓練的負責人之一。他遠遠看到我就說：「嘿，穿紅衣服的那個，到這邊來。」

我一面走向他，一面伸出手說：「嗨，我叫唐尼索恩。」我面帶笑容，期待著他對我親切的問候。結果出乎我的意料，他非常嚴厲地對我說：「菜鳥，你以為這裡有誰會管你叫什麼名字嗎？」

你可以想像得到，我當場被他駁得啞口無言。緊接著他命令我把皮箱丟在地上，單是這個動作就折騰了我半天。我彎下腰把皮箱放在地上。他說：「菜鳥，我是叫你把皮箱丟下。」

這一次，我彎下身，在皮箱離地面

> 在職場、在團隊合作中。在企業中，服從是行動的第一步，放棄個人的一些觀念，而完全融人到組織的價值觀念中去。無條件地執行才是企業所需要的好員工。

5公分左右鬆手讓它掉下去，他卻還是不滿意。我一再地重複這個動作，直到最後一動不動只把手指鬆開讓皮箱自己掉下去，他才終於滿意。

這種「斯巴達式」的訓練方式是西點軍校的一大特色，它使學員們的身體疲憊不堪，而這正是訓練學員們服從權威的有效手段。西點強調服從，訓練學員們透過服從統一意志，統一行動，達成既定的目標。在西點為了培養服從意識，每個學員都被要求切記避免「對總統、國會或自己的直接上司作任何貶低的評論」。

西點教誨學員，「不要傳遞那種不受上司歡迎的文件和報告，更不要發表使上司討厭的講話。」如果摸不準自己的報告或發表的講話是否符合上司口味，可以事先徵求一下上司的意見。西點軍校還教育學員養成「公務員的性格」，堅信當權者是完美無缺的人，有識之士，對當權者不要有任何懷疑。這一做人原則是西點的傳統道德。

一位知名的西點教官對服從做了非常生動的描述：「上司的命令，好似大炮發射出的炮彈，在命令面前你無理可言，必須絕對服從。」西點經常教育學員：「我們不過是槍裡的一顆子彈，槍就是美國整個社會，槍的扳機由總統和國會來扣動，是他們發射我們。他們決定我們打誰就打誰。」

尼克森總統非常欣賞黑格將軍，就是因為他的服從精神和嚴守紀律的品格——需要發表意見的時候，坦而言之，盡其所能，當上司決定了什麼事情，就堅決服從，努力執行，絕不表現自己的聰明。

巴頓將軍在他的《我所知道的戰爭》這本戰爭回憶錄中曾寫到這樣一個細節：

「我要提拔人時常常把所有的候選人排到一起，給他們提一個我想要他們解決的問題。我說：『夥計們，我要在倉庫後面挖一條98英尺長，3英尺寬，6英寸深的戰壕。』我就告訴他們那麼多。我有一個有窗戶或有大節孔的倉庫。候選人正在檢查工具時，我走進倉庫，透過窗戶或節孔觀察他們。我看到夥計們把鍬和鎬都放到倉庫後面的地上。他們休息幾分鐘後開始議論我為什麼要他們挖這麼淺的戰壕。他們有的說6英寸深還不夠當火炮掩體。其他人爭論說，這樣的戰壕太熱或太冷。如果夥計們是軍官，他們會抱怨他們不該幹挖戰壕這麼普通的體力勞動。最後，有個夥計對別人下命令：『讓我們把戰壕挖好後離開這裡吧。那個老傢伙想用戰壕幹什麼都沒關係。」』最後，巴頓寫到：「那個夥計得到了提拔。我必須挑選堅決服從命令，不找任何藉口去地完成任務的人。」

巴頓將軍不僅要求別人服從他的命令，同時也是以身作則的榜樣。布雷德利將軍就曾經給巴頓寫過這樣一個評語：「他總是樂於並且全力支持上級的計畫，而不管他自己對這些計畫的看法如何。」

巴頓將軍被喻為西點軍校最傑出的校友之一，他被歷代西點學員所崇拜，他的這種堅決服

從命令的職業軍人風範是重要原因之一。

經過四年的學習與訓練，西點學員們已經把服從訓練成了一種本能的習慣，西點學員在個人權威與團體權威產生矛盾時，他們最終遵從的是個人權威服從於團體權威。西點軍校提出的「服從」，絕不僅僅是指單純的「聽話」，也不僅僅是指機械地遵照上級的指示。服從需要個人付出相當大的努力，它需要在一定限度內犧牲個人的自由、利益，甚至生命。

能夠進入西點軍校的學生無一不是在高中時代的優秀分子，他們不論是在學業還是課外活動的表現上，都是名列前茅的高材生。具有這樣優越條件的年輕人，也可能變成剛愎自用、自高自大的管理者。但是西點軍校卻嚴格打壓個人主義，服從對任何人來講都是沒有條件的。

西點軍校對剛入校的新學員要進行極為嚴格的服從訓練。這些訓練讓他們明白，他們只不過是西點這個大團隊中的一份子罷了，並且需要有一定的法規和傳統來約束他們，並讓他們知道自己對國家負有重大的使命。

為了使新學員具有這種堅定的服從意識，西點軍校需要進行近乎殘酷的訓練。在訓練的過程中，他們失去了「自由」，不准保留有任何最基本的個人財物，不准保留任何代表個人特色的象徵。在最初訓練的幾個星期裡，所有的新學員都像新生兒一樣，無名無姓，也沒有任何獨立的個性。

軍人必須服從，學不會服從，不養成服從觀念和習慣，就無法在軍隊立足。並不是所有上司的指令都千真萬確，上司也會犯錯誤，但上司的地位、責任使他有權發號施令；上司的權威，整體的利益，不允許部屬抗令而行。因此，服從觀念要在西點學員身上打下深深烙印，忍受不了「服從」這種軍人特殊的美德，就請走人。

對於我們一般人來說，服從也依然是一種重要的美德，尤其是在職場中，在團隊合作中。在企業中，服從是行動的第一步，放棄個人的一些觀念，而完全融入到組織的價值觀念中去。無條件地執行才是企業所需要的好員工。而作為一名領導者，也必須學會服從。只有學會了服從，領導者才有可能以最佳的方式和方法處理好個人權威與團體權威、個人利益與團體利益的關係。服從命令並且立刻著手去做，這樣才能更好地完成工作。

服從是一個優秀員工必須接受的嚴峻考驗。會服從的員工也並不是凡事都惟命是從，服從強調的是對公司文化的認同感。每個公司都有自己獨特的公司文化。正像西點的校訓一樣，全體員工要有自己的共同願景。企業文化是公司之魂，它可以把所有原本個性迥異員工團結成一個整體，這就是公司發展的驅動力。

企業的動作也同軍隊一樣是由一個命令系統建構的。如果下屬不能無條件地服從上司的命令，那麼在達成共同目標時，則可能產生障礙。反之，如能完全發揮命令系統的機能，此團隊必可勝人一籌。

服從是最生要的一種團隊物質。西點軍校培養的是未來軍隊中的管理者，這些未來的管理

者們，還在軍校接受服從訓練時，就失去了自由和個性。換句話說，他們在個人自由和保持個性獨立遭受威脅的時候，仍然能夠為了維護團隊的利益和形象做到絕對的服從。西點軍校的學員進行了這一系列訓練，在他們成為管理者之後，才能夠真正以國家和民眾利益為重，並堅決服從國家和民眾所交給他們的任務！

同樣企業的管理也必須以服從作為根本。西點軍校有一個理念：一個管理者的成敗，有很多地方就是取決於有沒有學會服從的角色。這一點對於很多經營並不順利的企業及其工作並不順利的員工有著很強的借鑑意義——缺乏服從意識是他們失敗的重要原因。服從是對人的一種考驗，經受住了這種考驗並能把服從訓練成習慣的人，將能夠自在地立足於這個社會，不斷地走向成功。

17 服從沒有條件

美國勞恩鋼鐵公司總裁卡爾・勞恩是西點軍校第*52*屆畢業生，他曾對服從精神作過這樣的描述：「軍人的第一件事情就是學會服從，整體的巨大力量來源於個體的服從精神。在企業中，我們同樣需要這種服從精神，上層的意識透過下屬的服從很快會變成一股強大的執行力。」

眾所周知，軍隊素以服從命令、聽從指揮聞名。但在西點，凡是遇到軍官問話，士兵卻只能有四種回答：「*YES SIR*」「*NO SIR*」「*I DON'T KNOW SIR*」。

絕對的服從意味著，你要無條件的服從一切命令，為自己的一切行動負責，不可有任何逃避或對抗的情緒。將軍只有讓士兵們絕對服從指揮，才有可能塑造出一支紀律嚴明、執行有力的威武之師。下級在接到命令時，「保證完成任務」是他們唯一的選擇；遇到困難時，他們要

努力尋找方法；違反紀律時，他們要勇於承擔責任；面臨挫折時，他們還是要挺身而出！

西點軍校的萊瑞・杜瑞松上校在第一次赴外地服役的時候，有一天連長派他到營部去，交代給他7項任務：要去見一些人，要請示上級一些事，還有些東西要申請，包括地圖和醋酸鹽。

接到這些任務之後，萊瑞・杜瑞松沒說什麼，立即出發了。這讓連長感到有些意外，因為當時醋酸鹽嚴重缺貨，萊瑞・杜瑞松完全可以找個藉口推託一下，可是他沒有。

順利地解決其中6項任務之後，萊瑞・杜瑞松找到了負責補給的中士，希望他能從僅有的存貨中撥出一點醋酸鹽，但是中士拒絕了。於是，萊瑞・杜瑞松一直纏著他，滔滔不絕地向中士說明理由。到最後，也不知道是被杜瑞松說服了，相信醋酸鹽確實有重要的用途，還是眼看沒有其他辦法能夠擺脫杜瑞松，中士終於給了他一些醋酸鹽。就這樣，萊瑞・杜瑞松堅決的服從並執行了長官交待的任務並且帶著完美的結果回去向連長覆命了。

服從指揮，具有強大執行力的人必定是優秀的軍人，他對待任務的態度就是不折不扣地去執行，不說一句廢話，不找任何藉口。這種強大的執行力來源於軍人心目中「服從沒有條件」的訓誡，來源於令出必從的嚴明紀律。因此，西點人在強化士兵們的服從意識時也是先從軍隊紀律抓起的。

二戰中，美軍在卡塞林山口戰役中慘敗，第二軍軍長弗雷登道爾被就地撤職，巴頓臨危受命，要求在11天內將美軍整頓成為「一支能執行戰鬥任務的部隊」。巴頓是在1943年3月6日正式接管第二軍的，而戰役的總指揮亞歷山大將軍把軍事進攻的日期定在3月17日，也就是說，他只有11天的時間整頓軍隊，進行戰鬥準備。當務之急是使委靡不振的軍隊恢復士氣，提高戰鬥力。

任務是十分艱巨的。根據自己長期的治軍經驗，巴頓認為，一支紀律鬆懈、軍容不整的軍隊是不會有所作為的。因此，他決心從整頓軍紀入手，採取「不民主和非美國的方式」，對這群「烏合之眾」進行整頓。

> 作為一個普通下級員工，你有時很難斷定決策是對的還是錯的，因為很多東西在沒有最終答案之前無法確定。故身為員工，你的第一任務便是堅決服從馬上執行。

他首先從嚴格作息時間抓起，並以身作則。到任後的第二天早上7點鐘，巴頓按作息規定準時到食堂就餐，發現只有他的參謀長加菲來了。他當即命令廚師馬上開飯，1小時後停餐，並發佈命令：「從明天起，全體人員準時吃飯，半小時之內完畢。」由於巴頓抓住了吃早飯這一環節，從而杜絕了軍人遲到的現象。

接著，巴頓發佈了強制性的著裝令，規定：凡在戰區，每個軍人都必須戴鋼盔、繫領帶、打綁腿，後勤人員亦不例外。這項命令還適用於戰區的醫務人員和兵器修理工。對於違反此命令者規定了罰款數額：軍官50美元，士兵30美元。巴頓半開玩笑地說：「當你要動一個人腰包的時候，他的反應最快。」

儘管如此，還是有些人不斷出現違紀現象。聽到這一情況後，巴頓親自帶人四處巡視，把不執行命令的人強制集中起來，進行訓斥，話語不免十分粗魯：「各位聽著：我絕不會容忍任何一個不執行命令的兔崽子。現在給你們一個選擇的機會，要嘛罰款25美元，要嘛送交軍事法庭，並記入檔案，你們自己看著辦吧！」這些士兵只好乖乖認罰。

儘管巴頓的這些做法招致許多人的反感和咒罵，但他這種雷厲風行的作風震動了第二軍，部隊軍官一掃過去那種鬆鬆垮垮的拖拉作風，精神面貌發生了巨大改觀。

巴頓繼續以他特有的方式激勵他的部隊。他跑遍了4個師的每一個營，督促軍官，鞭策士兵，順便還要檢查軍容風紀的執行情況。他的檢查極為徹底，甚至連廁所也不放過，因為上廁所的人最容易忘戴鋼盔。

他鼓勵官兵們要有攻擊精神，像獅子一樣殘酷無情地打擊敵人，號召他們「為人類進步事業而衝殺，但不是為之死亡」。雖然官兵們對巴頓這種做法一時還難以理解，但他的「高壓電休克療法」確實給他們留下了深刻的印象，並使他們與過去大不相同。

巴頓將軍必須這樣殘酷無情，因為時間不允許他動半點惻隱之心。只有採取非常規的方式，才能將這群「烏合之眾」錘煉成無堅不摧的戰爭機器。

他的目的達到了。他把自己的戰鬥精神輸入了這支部隊，以自己的尚武精神激勵了全體官兵。雖然有人恨他，但是官兵都很尊重他，並開始效仿他。

部隊有了鐵一樣的紀律和秩序，士兵們恢復了自信和勇氣。巴頓欣喜地看到，在短短的幾天內，第二軍的面貌已經煥然一新了，將士們裝備精良，士氣高漲，軍紀嚴明。他們已被錘煉成了真正的軍人，進入了他所說的「戰鬥競技狀態」。

戰鬥打響後，德軍再度發起強大攻勢，但遭到第二軍的頑強抵抗，他們寸土不讓，表現得十分英勇。最後，德軍無功而返。這是美軍在北非戰場取得的又一個勝利，它以此證明：第二軍已經不是十幾天前的那群「烏合之眾」了。巴頓為他們的傑出表現感到十分驕傲，他自豪地指出：「硝煙一散，我們看到沒有一個美軍士兵放棄陣地一步。」

巴頓能在*11*天內改變一支部隊的戰鬥力，依靠的就是對軍隊紀律和士兵服從意識的強調與重視。一個士兵如果不遵守紀律，沒有服從意識，那麼軍隊的執行力就沒有保障。戰鬥力不是幻想，而是在服從指揮、遵守紀律的前提下實現的。

無條件地服從命令，嚴格遵守紀律是軍人最基本的品格。同樣這種品格在日常生活中，在一個人的工作中，在企業的組織運行中也扮演著重要角色。

一家企業想獲得強大的執行力與競爭力，便要讓員工具備強烈的服從意識，無條件地聽從指揮，嚴格遵守紀律，相信公司的決定，不要有任何猜疑。當老闆決定做什麼事情以後，就要堅決服從，努力執行。作為員工，如果和老闆處處對著幹，那將會既不利於企業發展，也不利於個人事業的發展。「尊師才能通道」，在企業裡，一名員工只有尊重、信任領導，才能努力地去做好自己的工作。這是一種主動的服從精神，也是雙贏的選擇。

在工作中每一個都如一名戰士，一樣需要無條件的服從意識與令行禁止的嚴明紀律。優秀的員工具有很強的使命感，絕對服從，拒絕藉口，視完美覆命為天職；相反，末流員工喜歡找藉口，喜歡推卸責任，對自己的任務無動於衷，在執行的時候敷衍塞責。

羅傑·布萊克是一位體育界的成功人士，他曾獲奧林匹克運動會400米銀牌和世界錦標賽400米接力賽的金牌，可他的出色並不僅僅是因為他令人矚目的競技成績。更讓人為之動容的是，他所有的成績都是在他患心臟病的情況下取得的，他沒有把患病當做自己的藉口。

除了家人、醫生和幾個親密的朋友，沒有人知道他的病情，他也沒向外界公佈任何消息。當第一次獲得銀牌之後，他對自己並不滿意，倘若他如實地告訴人們他的身體狀況，即使他在運動生涯中半途而廢，也同樣會得到人們的理解與體諒，但羅傑並沒有這樣做，他說：「我不想強調我的疾病，即使我失敗了，也不想以此為藉口。」

在生活中，不知有多少人一直抱怨自己缺乏機會，並努力為自己的失敗尋找藉口。殊不知，正是他們不講服從、愛找藉口導致了他們的失敗，導致了機會一再地與他們擦肩而過。

而成功者則相反，他們不善於也無須編造任何藉口。對於自己的任務和目標，他們能夠絕對服從，承擔起責任，也因此經常享受到自己的勤奮和努力所獲得的成果。他們不見得有超凡的能力，卻絕對有著超凡的心態。他們坦率地應承下任務，積極主動地尋找方法，並對自己的執行結果及時回覆，而不是一遇到困難就逃避、退縮，為自己尋找藉口。

王光和張頤同時供職於一家音像公司，他們能力相當。有一次，公司從德國進口了一套當時最先進的採編設備，比公司現在用的老式採編設備要高級多了。但是說明書是用德文寫的，公司裡沒有人能看得懂。老闆把王光叫到辦公室，告訴他：「我們公司新引進了一套數位採編系統，希望你做第一個吃螃蟹的人，然後再帶領大家一起吃。」

王光連忙搖頭說：「我覺得我不太合適，一方面我對德語一竅不通，連說明書都看不懂；另一方面，我怕把設備搞出毛病來。」老闆眼裡流露出失望的神色。他又叫來了張頤，張頤很爽快地答應了，老闆很高興。

張頤接下任務後就馬不停蹄地忙碌起來。他對德文也是一竅不通，於是就去附近一所大學的外語學院，請德語系的教授幫忙，把德文的說明書翻譯成中文。在摸索新設備的過程中，他有很多不明白的地方，就在教授的幫助下，透過電子郵件，向德國廠家的技術專家請教。短短一個月下來，張頤已經能夠熟練使用新的採編設備。在他的指導下，同事們也都很快學會了使用方法。張頤因此到了老闆的讚賞。以後，有了什麼任務，老闆總是第一時間找到張頤。因為他知道，張頤不會讓他失望。王光用一個藉口逃避了一個難題，同時也把加薪晉升的機會給丟棄了。

服從是沒有條件的，很多人喜歡煞費苦心地尋找藉口，卻無法將同樣的時間與精力放在工作上面。要知道，尋找藉口的唯一好處，就是把屬於自己的過失掩飾掉，把應該自己承擔的責任轉嫁給他人或社會，但這樣也會把到手的機會給拒絕掉。我們很難想像，一個喜歡找藉口的人會成為企業的稱職員工，為社會所信賴和尊重。許多事實告訴我們：一個喜歡找藉口的人注定是職場與生活中的失敗者。

一個沒有無條件服從意識的人，就會習慣於尋找藉口，而不斷的尋找藉口總是和悲觀主義、無助感等消極因素相伴而行。找藉口也許是一種症狀，悲觀和無助則是潛在的習慣和感覺。無論它們之間的關係如何，這些要素總是會一起出現，它們是個人責任感的敵人，也是成功覆命的敵人。事實上，這些悲觀、無助、恐懼的感覺，都是一些虛妄的東西。我們恐懼的對象並不是工作中的困難，而是我們在自己頭腦裡架構的那個悲劇，它像腦海裡的鬼影，令我們憂慮、膽怯。

無條件服從是一種自信與勇敢的體現，是勇敢負責和果斷執行的表現。這表明了一個人對自己的職責和使命的態度。思想影響態度，態度影響行動，一個服從命令、不找藉口的員工，肯定是一個高度負責和執行力很強的員工。對他來說，工作就是不打折扣地去執行。

很多人認為自己也能夠服從上級的命令，但他們所謂的服從是有條件的，他們認為「對的就服從，不對的就不服從」，或者「能做的就服從，不能做的就不服從」。這種觀點是大錯特錯。服從是無條件的，接到指令我們應該第一時間去執行，自作聰明只能是搬起石頭砸自己的腳。

有一次，*TCL*公司決定撤出某型號機器，所有的店面都接到通知，並於規定日期內完成。某日，*TCL*一位高級經理在到店面巡視時發現其中一家並未將那個型號的機器撤下架，詢問其原因，該店的負責人解釋道：「主要是我認為此種機器的機型還比較新穎，只要給我一週的時間，我一定能將其以合理的價格售出。」此事的結果也正如高某所承諾的那樣，機器在很短的時間內即以較高的價格售出，但店長並未受到嘉獎，反而挨了上頭一通批評。

對於這件事，那名高級經理在接受採訪時如是說：「雖然說這名負責人成功售出了該機

器，但我依然不太贊成他的做法。因為對於公司的決定，有時員工並不能瞭解全部情況，因此我們需要的是員工能尊重、執行公司的決定。即便是站在為公司利益的角度，也不鼓勵這種行為。有好的建議、想法可以向公司反映，但不能不執行我們作出的決定。」

工作中每個人都會碰到上司交代任務的情況，這時，你會很自然地想到兩個問題：第一，這是一個非常艱巨的任務，需要花費很多的精力和時間，我能不能辦或者應該怎樣去辦？第二，向你佈置任務的上司正在等待你表態，等待你給他一個明確的答覆，你是盡自己最大努力去做，還是對上司說「不」？

那個挨批評的店長便是典型的自作聰明、不懂服從的人。他的言行無異於宣告他比上司更具判斷力，而且他使用的判斷標準其實就是他自己的標準，而非上司的。這樣的人又怎能叫上司放心呢？

當然，上層的決策也有發生錯誤的時候，但是，作為一名下屬，你還是應該遵從執行。你既不能事先加以肯定或指責，也不要事後抱怨或輕視他的決定，或者尋找各種藉口來推託，因為上級做決定前是經過了周密的考慮和計畫的。更何況，作為一個普通的員工，你很難斷定決策是對的還是錯的，因為很多東西在沒有最終答案之前無法確定。身為員工，你的第一任務便是堅決服從馬上執行。

18 服從是一種美德

學會服從是一種美德，尤其對於職場中的員工來說，具有服從精神是透過優秀員工之路的必要條件。《論語》裡有一句話：「其為人也孝悌，而好犯上者，鮮矣；不好犯上而好作亂者，未之有也。」對於權威的服從，對於規則的遵守，宏觀上講是整個人類社會組成的根本，微觀上講也是生活於組織中的人必須具備的一種品質。

在企業中能夠毫無怨言地接受任務、服從領導並能主動自發進行工作的一定是優秀員工。卡耐基曾說：「有兩種員工是根本不會成大器的：一種是除非別人要他做，不然打死也不主動做事的員工；另一種則是即使別人要他做，也做不好事情的員工。」

那些不需要別人催促，就會主動自發地去做自己該做的事，並且還是不會半途而廢的員工，即使自己是企業內最低層的一名沒人注意的普通員工到最後也會成功的，這種員工懂得要

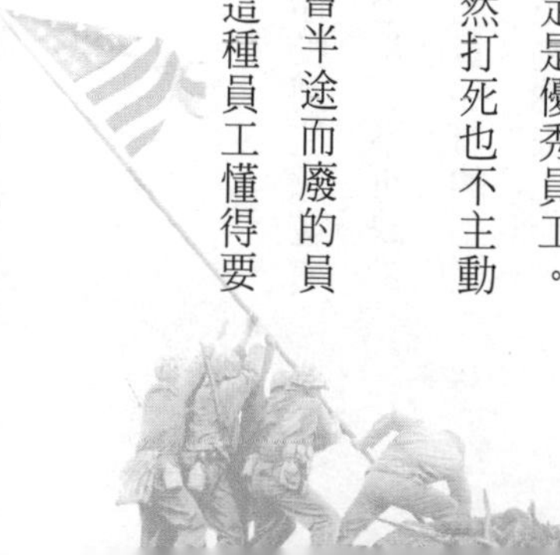

求自己多付出一點點，而且做的比別人預期的更多。

個人進取心，是員工實現自己目標必不可少的要素，它可以使你進步，使你受到注意並會給你帶來機會。工作中，服從、誠實、責任、敬業、能夠主動自發地去工作都是員工不可缺少的內在品質，體現一個員工的修養，更是紮根在員工內心的寶貴財富。在這些高貴品質的指引下，懷抱一顆感恩的心，始終保持對企業至高無上的榮譽感，全力以赴、自覺主動地去工作。如果能夠在沒有任何外界的壓力或驅動或別人引導的情況下，一個人能夠自覺自願地認真地做好分內分外的工作，這就是主動性，這就是一名員工所應有的工作心態。

每一個員工都要明白上司的命令必須堅決服從。作為員工首先要做到的是服從，但這種服從通常帶來的是效率而並不一定是效益，員工可能盡力而不盡心，做到而不一定能夠做好。

在企業，服從是員工工作中必不可少的，絕對服從比較適用於企業員工。「服從是金」對於企業員工來說好處非常大。員工要以「服從」為工作的前提條件，如果一個員工不懂得服從，思想上沒有服從的觀念，那麼將會被企業所淘汰。服從是自制的一種形式，每一個員工都應去深刻體為一個企業的一名，即使是很小的一分子具有什麼樣的意義。每一位員工都必須服從領導的安排。

每一個企業都有自己的一套動作系統，每一個人都是這個系統不可分割的部分，如果不能服從領導，各自為政，最後只能導致是無政府主義，目標混亂一事無成。每個員工都要有高度的榮譽感和使命感，具有道德感並且遵從自己的良知，有勇氣堅持自己的信念，自覺自願地服從於領導，為自己目標堅持不懈，勇於承擔責任。服從領導時一定要顧全大局。真正做到「公司興則我興，公司亡我的責任」，與公司共命運。只有這樣你的事業才會獲得很大的成功。

狼是群居的動物，通常七、八隻為一群，採取團體狩獵的方式來獵食。這多少彌補了牠們力量和速度方面的不足。每群由一隻健壯的成年公狼率領，捕食大多由母狼完成。在團體行動當中，每隻狼在族群裡的地位都不相同。動物學家習慣將狼群之中的領袖稱為「阿爾發狼」，族群中包括食物的分配，紛爭的平息，乃至後代繁殖的責任，都要靠牠。其餘的狼也都安於在族群之中的地位，並服從「阿爾發狼」的領導，這就是狼的社會。

所以，那些所謂的獨狼，一般都是為角逐「阿爾發狼」地位或者愛情鬥技場上的失敗者，帶著身心的雙重創傷，只好自我放逐：要嘛在自省中累積力

對於命令，首先要服從，執行後方知效果；還未執行，就發揮自己的「聰明才智」，大談見解和不可執行的理由，走到哪裡都是不受歡迎的角色。

量，要嘛就是死路一條。

因此，獨狼展示出來的造型就具有個人英雄主義的特色，很容易獲得生活中失意人物的好感。草原上沒有一條狼會越出這道界限，向人投降。拒絕服從，拒絕被領導、牽引，是作為一條真正狼的絕對準則，即便是這條從未受過狼群教導的小狼也是如此。

在下屬和上司的關係中，服從是第一位的，是天經地義的。下屬服從上司，是上下級開展工作，保持正常工作關係的前提，是融洽相處的一種默契，也是上司觀察和評價自己下屬的一個尺度。因此，作為一個合格的員工，必須服從上司的命令。

員工要服從領導，認認真真地做好每一件事。要敢於挑戰，難事、棘事面前不低頭，不管問題再多、困難再大、矛盾再複雜、任務再艱巨，也要努力克服，盡量不把問題上交，一定要防止和避免推諉扯皮，敷衍推卸的不負責任言行。

服從是一種美德，它可以讓人放棄任何藉口，放棄惰性，擺正自己的位置，調整自己的情緒，讓目標更明朗，讓思緒更直接。

對於命令，首先要服從，執行後方知效果；還未執行，就發揮自己的「聰明才智」，大談見解和不可執行的理由，走到哪裡都是不受歡迎的角色。

對於有瑕疵的命令，首先還是服從，在服從後與上級交流意見，就是完成任務後的總結。這種總結是尤其可貴的，它讓你更成熟、更優秀，並逐步顯露出你的價值。企業就是如此，在服從、執行、總結的過程中攻克一個個目標，並相應調整策略，為完成下一個任務做準備。服從是成功的第一步。

中國有句老話：恭敬不如從命。服從是對領導最好的讚美。謙恭地敬重領導，不如順從領導的意志和命令。對高明的讚美者而言，服從是金，語言是銀。這是由領導與下屬的特殊關係決定的。每個領導都喜歡聽讚美的話，但善於用語言來讚美領導的人卻未必是領導最喜歡的下屬，也未必能得到領導的信任和賞識。有些人在意平時對領導說恭維的話，也常常使領導感到開心，但關鍵時候卻又頂撞領導的旨意，不同意領導的決策，不服從領導的命令。這類人可以說是語言上的巨人、行動上的矮子。這是一種最不合時宜的稱讚領導的策略。

不服從領導就是不尊重領導。領導是工作上的權威，很重視自身威信，下屬的讚揚無疑是對領導的維護和尊重，但言行不一，不服從領導實際上就是無視領導的權威，損害領導的尊嚴。

當然人非聖賢，孰能無過？領導者也必然會有犯錯的時候。當你發現領導有錯時，你怎麼辦？這是我們依然要牢記服從是一種美德，面對領導的錯誤我們的第一選擇仍然是服從，至於如何改正，則是服從之後需要做的事情。我們要謹記一點：不要在眾人面前指出領導的錯誤。組織的動作需要領導的權威，每一個下屬都要維護其尊嚴，古今中外皆然。即使一件公事的處理，碰巧是領導的錯，他也應該擁有一定程度的被尊重，不可以下屬搖晃著誰錯誰就應該受到譴責的旗幟，而不為老闆留些情面，更不能事後對同事談論老闆的錯誤，用嘲弄的口吻讓流言四散傳播，並用貶損老闆的話來證明自己的聰明與正確。

如果一定要讓老闆知道他的錯誤，你應該在適當的場合適當的時間私下找老闆聊，談談自己的意見和看法。另外面對老闆的錯誤我們不必據理力爭。如果老闆說錯了話，不管在什麼場合，這些錯話並不影響你的利益以及你所負責的工作，你不必據理力爭，可以採取裝聾作啞的方法，即裝作沒聽見或沒聽明白。這是一種揣著明白裝糊塗的辦法，它可讓你避免一些是非，也避免讓老闆陷入尷尬和困窘。

作為下屬，你要時刻銘記：老闆是你最大的顧客。面對顧客，你要有這樣的理念：顧客永遠是對的。假如你力爭證明老闆錯了，那麼你才是真正犯了大錯。有這樣一個關於服從的笑話：

關於服從領導，其實服從領導有幾個必要的原則：領導絕對不會有錯；如果發現領導有錯，一定是我看錯；如果我沒有看錯，一定是因為我的錯，才讓領導犯錯；如果是領導的錯，只要他不認錯，他就沒有錯；如果領導不認錯，我還堅持他有錯，那就是我的錯；總之領導絕對不會有錯，這句話絕對不會錯。

雖然這是一個過分的笑話，但其實卻有著對服從根本性的解釋。服從的根本目的是保證一個組織責任明確，令行禁止。領導犯錯，則他要為此負責；而如果你認為他有錯卻不去服從，那麼你同樣也犯了錯誤。每一級都對自己的上級服從，每一個上級都對自己的下級負責，只有這樣組織才會明晰內部的結構，形成一個有戰鬥力的團隊。

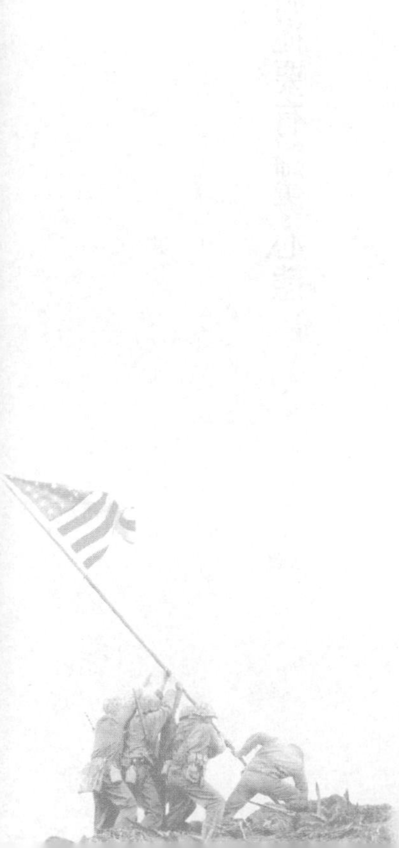

19 「一切從零開始」服從要有歸零心態

西點軍校在給新學員家長的一封信中明確寫道：「您的兒子選擇進入美國陸軍軍官學校，就是選擇作出犧牲，選擇忘掉過去所有的成績，選擇一切從頭開始。」

每位學員在進入西點之前必須對這個問題做好心理上的準備：或者迎接挑戰，作出犧牲，或者放棄西點，沒有中間道路可供選擇。

一位西點教官曾對新學員說：「在西點軍校他們首先會剝光你的衣服，但是他們還不肯就此甘休。他們要把你身上僅有的一點點自尊心絞乾——你將失去不受別人干預、自由自在生活的正當權力。」

*Free Markets*公司的高級副總裁戴夫・麥考梅克是西點軍校*1987*年畢業生，他回憶起剛進西點

時的情景說：

「西點軍校是特別能打消傲氣的地方。我來自一個小鎮，在那裡，我是優等生，而且還是一個運動隊的頭。我來到西點後發現，我的同學中60％是運動隊的頭，20％是所在中學的頂尖分子。今天你還是一個地方的明星，明天你就只是數千強者中微不足道的一個。不管新學員的社會經歷，不管是什麼背景的學員，即便是總統的兒子，陸軍司令的兒子，只要一進西點就一律平等，就得一樣進『獸營』，一樣訓練，一樣學習，吃穿住行完全一致，任何特權都必須放棄。新學員都將被視為如同白紙一樣的嬰兒。

「新學員受訓剛開始時只有編號而沒有名字，沒有一切個人的特殊物品，日程安排得滿滿的，讓學員只有時間去執行命令而沒時間去思考。走進西點軍校每個人都要拋棄曾經的榮譽、家世和背景，所有一切都將從零開始，任何長官的命令你都必須服從，每個人在這裡都沒有特權可言。」

西點軍校告誡每位學員：過去的一

在生活中、在工作中不斷要面對新的環境，既然服從是我們在社會中正常生存的必備條件，那麼保持一個「歸零心態」是我們適應環境的最好選擇，正所謂「一切從零開始」。

切只能代表你現在是一個什麼樣的人，至於你在4年後會如何，那取決你從現在開始的表現。如果說服從是一個組織健康動作的基礎，那麼「一切從零開始」的心態就是服從的基礎。一個人只有明白自己的知識相對於世界來說不過是滄海一粟，將自己貶到最低點，學會服從新的權威與規則，然後才能重塑一個新的自己。

在生活中、在工作中不斷要面對新的環境，既然服從是我們在社會中正常生存的必備條件，那麼保持一個「歸零心態」是我們適應環境的最好選擇。

許多剛進社會工作的人容易犯的一個「毛病」就是好高騖遠，忽視做「倒水、掃地」這樣的零碎工作，認為是「大材小用」，老想做大事，結果是眼高手低、常常碰壁。實際上，人的特長應當成為適應環境的「催化劑」，而不該成為挑剔工作的「資本」。

傑夫大學畢業後，進入一家銀行。他學電腦，會編程式，可謂是「玩」電腦的一把好手。不料，他被「發配」到銀行下屬的一個支行，做櫃檯出納。這下他有些「懵」了。整天與客戶打交道，一筆又一筆的收進付出，讓他感到十分枯燥。實際上，單位主管知道他是學電腦、懂電腦的，想讓他擔負起一個支行的電腦管理的工作，之所以安排他「下基層」做出納、會計，目的是為了讓他能充分熟悉業務，為今後的工作打下基礎。

隨著一些先進科技成果的運用，人們的工作效率普遍提高，人才市場供大於求，許多人都難以找到真正與自己所學專業對口的工作。對於初涉社會的年輕人來說，任何一個崗位都是新的，都需要熟悉。要記住一個道理：做好一份工作，需要瞭解比該工作廣泛得多的知識。許多人盲目自信，高估自己，強調「發揮特長」。但如果不顧眼前的現實，絕對地強調發揮特長，則不利於自己的發展。其實，要求「發揮特長」，是可以理解的，找一份自己熟悉的、可以發揮自己特長的工作，做起來會得心應手。

威廉大學畢業後到一家廣告公司去就職，報到的那一天，他對經理說的第一句話便是要求能和所學的專業對口，而且要「充分注意到我的特長」。這位在大學美術系因為專業成績不錯而大受青睞的人，很坦率地要求讓他到廣告設計部門，以為這才能發揮他的優勢。可是，公司經理首先讓他到業務部門實習，過了試用期後再決定。威廉聽後覺得不開心，認為這樣做難以發揮自己的特長。到了業務部門既不安心工作，又不虛心學習，結果給人留下了「工作態度差，能力欠缺」的印象。

按照常理，分配工作職務應與員工的特長相符合。但這個特長只是個人所「認可」的，有時候並不是單位所立即需要的，因為每個單位都有個結構完整、最佳組合的問題。個人特長，只有讓單位瞭解，並作為構成整體的一部分時，才能成為人才發展的方向。應該是特長服從需

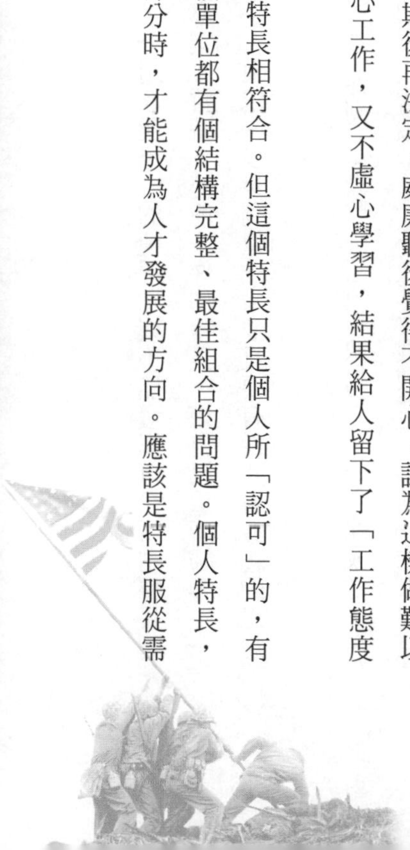

要，而不是需要遷就特長。如果你也碰上了「用非所學」的情況，或不能發揮自己所謂特長的問題，最好的處理辦法就是「捨棄」你的專業，暫時「掩埋」你的特長，把自己重新歸零，一切重新開始，邊學邊做。不求「一步到位」，但求「步步到位」，並且要有從底層做起的思想準備。

正像萬丈高樓平地起一樣，要極有耐心地從砌一塊磚、一堵牆做起。一心想速成為一名「建築師」是不現實的，只有在砌牆加瓦中才能學到真本領，逐步鍛鍊自己具備「未來建築師」的素質。同時，也要有安心工作的良好心態。對眼前的工作有一個正確的態度，並視之為理想崗位的「階梯」。學會在日常工作中逐漸發揮自己的能力，讓別人真正認識到你是一個有素質的人。

就像剛剛學會挪步的孩子，幾乎所有的初涉工作崗位的人在「菜鳥」階段，都曾鬧過不少笑話，甚至惹上麻煩。根據心理專家研究，剛出校門踏入工作領域的畢業生，或多或少都曾有過一些適應不良的症狀。即使給他們一份專業對口或能發揮特長的工作，還是會出現這類情況。

很多人都感到自己的第一份工作與自己想像中的差之甚遠。因為許多人的想像往往呈理想化狀態，從美好的願望出發做了一系列美好的假設。但是現實往往不能使人如願。因為多一次經驗就等於多一次學習，重要的是先學會把自己歸零，這樣才有可能成長。所以，很多有經驗的人指出，面對這些不適應，你最好先調整自己的工作心態，千萬不要動氣或者感到心灰意冷。

當一個人已經累積了一定的經驗，依然要保持一顆歸零的心，服從於新的需要並藉由不斷學習新知識、新技能給自己「充電」。世事難料，滄海桑田，唯一不變的是「物競天擇，適者生存」。但在現代社會中，知識更新和淘汰的速度之快令人難以想像，過去所學的知識、技能難以完全使你勝任目前的工作，所以如果原地踏步，不學習新知識，將很容易被這個社會「淘汰出局」。

現在知識呈爆炸式增長，當你對某項工作熟悉時你的知識其實已經過時了大半。因此我們要不斷告誡自己——一切從零開始，學會服從和認同。

西點軍校告誡每一個學員：選擇到西點軍校來，就選擇了服從。

西點是一個大熔爐，它要求西點學員在這裡重塑一個全新的自我，其目的就是要讓每一個學員都能夠真正認識自己，從而為日後的成功打下堅實的基礎。

西點人相信在服從命令的同時，也就具備了解決問題的能力。服從不是盲目地遵從，而是睜大眼睛，審時度勢，尋找解決辦法。

一名忠實的服從者——愉悅地接受命令，從不錯過掃除障礙的機會——當然會成為一位出色的管理者。

紀律

20 制度才是維繫一切的根本

西點校友著名工程技術專家喬治・W・戈瑟爾斯說過：「在好規則面前，懂得捍衛和遵守，生活中才會享受更多的明媚陽光。」對於一個組織來說想要良性運行則必須有著良好的內部制度。合理的制度是根本，另外組織內的人也必須有著很強的紀律觀念，服從於制度，這樣一個組織才能真正地良性運行。軍隊是最典型的依靠嚴密的制度與嚴格的紀律運行的高度集中化的組織，西點軍校便是其一。從西點畢業的學員都對西點的規章制度印象深刻。他們認為是西點的制度造就了西點，或乾脆認為制度是整個體系的核心。規章制度在西點確實舉足輕重。

西點軍校的第三任校長塞耶被譽為真正的「西點之父」，是他建立了西點的一系列嚴密的制度，使得西點逐漸走向輝煌，成為了現在為人所稱道的「軍事重鎮」。

塞耶擔任校長後進行了一系列的改革，使得西點的規章制度日益完善，規範中透著威嚴，而且條條框框無所不達，舉手投足均有明確要求，整個軍校就在制度中有條不紊地發展。

塞耶首先明確了辦學方針和原則，制定以土木工程技術為主的四年制教育計畫。建立了完整的教學體制，首創將學員分為十幾人一班的小班教學法，並根據學習成績評定學員的名次。這樣既有利於教官因材施教，也能激發學員奮發上進。他還制定了嚴格的考試和考核制度，新入學的候補生要進行基本智力考試，具備熟練的讀、寫、算能力，合格者才能編入學員團。他還創建了著名的「榮譽制度」，強調學員紀律養成主要靠自我約束，並建立了嚴格的過失懲罰制度。此外，他擴建了圖書館，吸引和保留了一批十分優秀的教員。

塞耶的整頓和改革是全面的、成功的，影響是深遠的。從下面這個案例中我們就可窺一知百。

當時的西點，有相當一部分學員來自地位顯赫的名門望族。*1818*年，塞耶寫信給湯瑪斯·平尼克將軍，由於他的兒子沒有按時返校，軍校決定令其退學。平尼克將軍解釋說，由於天氣不好是他把兒子留下的，而且老校長威斯夫特也

要把企業的制度化為自己的制度，把紀律視為自己的紀律，相信制度的邊緣便是崩潰，紀律的外面便是懸崖，永遠不要出軌。唯有如此，我們才能共同把企業辦得更好，在成就企業的時候也成就自己。

答應作為例外處理。但塞耶明白，迎合權勢絕對辦不好軍校，誰的面子也不能給。所以他開除了小平尼克。

按照西點新的標準，塞耶對學員團進行了大膽的清理、整肅。當時有學員213人，經嚴格審查，103人被開除或勒令退學。他們多數是因為學習不及格而退學，少數則因為行為不軌而被強迫離校。這種大膽的舉動招來許多非議。儘管辱罵聲四起，但塞耶不為所動。他在給陸軍部長的報告中詳細介紹了被退學或開除學員的情況，認為這不是對「軍校和國家公共社會」的浪費，而是一種必要的行為。

1829年從紐約入學的學員艾里爾・諾里斯多次不服從西點軍校的命令。他的家庭對當時傑克遜競選總統具有舉足輕重的作用。他因此成了特殊的學員。一天晚上熄燈號後，諾里斯偷偷跑到教練場，在正中豎起了「山胡桃木」。

這裡有個典故要補充說明一下：1815年戰爭期間，安德魯・傑克遜率軍在新奧爾良大敗英軍，為美國爭得了榮譽，並最終迫使英國人坐下來談判，簽訂了和約。傑克遜因此聲譽鵲起，並被人們戲稱為堅硬的「老山胡桃木」。

第二天早上吹起床號後，全校人員大吃一驚，諾里斯對此洋洋自得。塞耶為維護學校的紀律，對他進行了嚴厲批評。但一個小報告也立即到了總統手中，說塞耶打擊無辜。總統大發雷霆，宣布諾里斯在西點軍校願意自己願意幹啥就幹啥。這顯然更加背離軍校的紀律，是塞耶絕對不能容忍的。

塞耶和學員隊司令希契科克對西點軍校紀律鬆弛心急如焚。希契科克決定找總統反映情況，塞耶批准他前往紐約。於是，出現了如下一幕：

1832年11月24日。總統白宮書房。

「西爾韋納斯・塞耶，是個暴君，我國所有的獨裁者沒有一個能超過他！」傑克遜總統咆哮道。

「總統先生，在這個問題上，您瞭解的情況是錯誤的，您不瞭解實情。」希契科克大聲反駁。

「不，他是獨裁者！」傑克遜氣憤得臉色發白。

但後來，傑克遜總統還是派人調查了西點軍校，瞭解其規章制度的內容及執行情況。結果，調查者報告說，西點軍校的規章制度很好，沒有改變的必要，而諾里斯也很快被開除了。

西點紀律的嚴厲人所共知，而且花樣甚多，令人敬而遠之。輕微的違紀只做記錄，不付諸具體處罰措施但累積到一定程度便要處罰。對高年級學員來說，一個月中如被記過9次，就意味著失去享受週末的權利。如被記過超過每月的最高限額——13次，則每超過一次就將受罰，至少要在空地上走一個小時，一般是扛著步槍不停地走一小時。處罰的手段還有禁閉，並分為

「普通禁閉」和「特別禁閉」兩種。正如小心謹慎的學員們必須遵守的規章制度是沒完沒了的一樣，發佈上述處分的特別命令也是沒完沒了的。警鐘長鳴，紅燈頻閃，每個學員都在緊張的氣氛中完成學業。

西點的做法看似苛刻，不近人情，但西點是「金字招牌」，容不得一點污漬。每個西點人都必須以發揚光大為己任，如果在校學習期間不能牢固這種觀念，以後就會缺乏堅定的理性基礎，就難能成為對部屬、對軍隊，乃至對國家負責的軍人。完整的制度，嚴明的紀律，成就了西點軍校，也為培養眾多傑出人才提供了保障。

沒有規矩不成方圓，在日常的社會生活中制度與紀律也是建構組織和社會非常重要的手段。一個企業能夠健康地成長、穩定地前進，肯定有優良的制度作為後盾。在制度的大是大非面前，誰也不能例外。對於員工來說，這些制度可能是些大原則，也可能是事關遲到、早退、上班幹私活等具體規定，但無論是哪一種，我們都應該視若皋圭，嚴格遵守，共同維護與完善企業的規章制度。一個有原則、守紀律的員工必定是個讓人放心、受人尊重的人，能夠自覺地維護企業的利益。這樣的員工能夠跟隨企業一起成長，永遠受人青睞。

人是社會動物，我們的生活被不同的組織所規範，因此我們應該視制度如天條，奉紀律為神明。對於一個企業來說，都希望自己能夠發展壯大。但唯有先進的制度、嚴明的紀律才能保證企業順利地發展。

遠大科技集團總裁張躍說：「偉大的公司要面臨很多挑戰，那些基礎的品質、技術的挑戰，我都覺得不大，價值觀的挑戰是最大的。在中國要做公司，要做一個真正百分之百符合常人道德觀的公司很不容易，但是我們一直在堅持這樣做，並且會永遠地堅持下去。」最終，遠大公司選擇了靠完善制度來落實自己的價值觀，靠紀律約束全體員工。遠大設立了制度統籌委員會，統一文件制度的審計和管理，制定出的正式制度文本有300多份，1900多條，7000條款，共70萬字。

對於優秀的企業來說，沒有比制度更重要的東西，也沒有比挑戰企業的制度更讓人憤怒的事情。身為企業的一員，我們必須牢牢樹立這樣的觀念：制度是企業的生命之本，絕對疏忽不得。我們必須視制度如天條，奉紀律為神明，絕不能以身試法，否則只能搬起石頭砸自己的腳，自食惡果。

一個不尊重企業制度、不遵守企業紀律的人，根本不可能是一個有團隊精神、對企業負責的好員工。巴頓將軍說：「紀律只有一種，就是完善的紀律。假如你不執行、不維護紀律，你就是潛在的殺人犯。」誠然，目無制度、不守紀律者的言行不僅會害了企業，還會給他人、給社會帶來嚴重的災難。

2004年2月15日，某市百貨公司發生特大火災，造成54人死亡、70人受傷，直接經濟損失4000

餘萬元。然而，這麼一起嚴重的事故，竟然是因為一個小小的煙頭：一位員工到倉庫內放包裝箱時，不慎將吸剩下的煙頭掉落在地上，隨意踩了兩腳，在沒有確認煙頭是否被踩滅的情況下匆匆離開了倉庫。煙頭將倉庫內的物品引燃。恰恰這時，百貨公司保衛科工作人員違反單位規章制度，擅自離開值班室，未在消防監控室監控，沒能及時發現起火並報警，從而延誤了搶險時機。

在我們的生活中，很多像上述故事中亂扔煙頭的員工及保衛科工作人員一樣，覺得偶爾違反一下制度不是什麼大不了的事。但恰恰是這些漫不經心、目無制度的行為給企業和社會埋下了安全的隱患，像一顆不定時炸彈一樣，隨時可能爆炸，害人害己！對此，所有的員工都應該有高度的警醒。

一家企業的競爭力來源於生產過程中的點點滴滴，一名員工的價值體現在勞動的每個細節的，唯有制度與紀律是檢驗這一切的試金石。一個有原則、守法紀的企業必定是個重視產品質的單位，一名制度常存心中、嚴格遵守紀律的員工必定是對企業負責、對社會負責的人。這樣的企業與員工總是讓人放心，讓人感動。

一家企業的人力資源總監被某企業的員工遵守紀律的行為所感動，記錄下了那次經歷：

集團每年都要拿出一部分預算，從社會上的培訓公司採購一些有影響力的課程。在一次培訓招標中，一家外國培訓公司給我留下了深刻的印象。當時正是夏天，中午氣溫達到攝氏三十二度，而這家公司的幾個代表都穿著白襯衫、領帶和深色西裝。雖然他們已是大汗淋漓，但沒有像其他公司的代表那樣脫掉外套。

調試電腦時，他們發現手提電腦的電源線太短，搆不到牆上的電源插座。於是有人拿出了一個延長線接好電源。之後，其中的一個美國人又從書包裡拿出了一卷膠帶。我們當時一頭霧水，不知道膠帶是幹什麼用的。只見這個身材很胖的美國人吃力地蹲下來，用膠帶把電源線一點一點地粘妥在地板上。原來，他是怕從這裡經過的人被電源線絆倒。離開的時候，這家公司的每個人都自覺地把自己使用過的免洗杯帶出會場，丟在垃圾箱裡。

這家外國培訓公司的員工做了公司規定自己要做的事，對公司負了應負的責任。而他們遵守紀律的行動體現出來的公司對客戶的責任心，深深地打動了其所服務的企業。只有這樣的公司才可能對客戶、對社會負責。

商海中有大風大浪，制度與紀律就像巨大的船錨一樣，能夠讓企業穩若泰山，化險為夷。身為企業的一員，我們更要把企業的制度化為自己的制度，把紀律視為自己的紀律，相信制度的邊緣便是崩潰，紀律的外面便是懸崖，永遠不要出軌。唯有如此，我們才能共同把企業辦得更好，在成就企業的時候也成就自己。

21 紀律就是聖旨

紀律就是聖旨，紀律至高無上。世界上沒有任何事情是絕對的，自由也是。沒有紀律的約束，自由就會氾濫成為墮落。

一個組織的運轉必須有嚴格的紀律作為保障，否則人人各自為政，一盤散沙，最後只能導致組織的瓦解。我們不要把紀律視為洪水猛獸，它並不那麼恐怖。英國克雷爾公司在新員工培訓中，總是先介紹本公司的紀律。首席培訓師總是這樣說：「紀律就是高壓線，它高高地懸在那裡，只要你稍微注意一下，或者不是故意去碰它的話，你就是一個遵守紀律的人。」

「工欲善其事，必先利其器」，一個組織只有先建構有紀律的、團結有力的、無堅不摧的團隊，才能保證任務的最終完成。團隊中每個成員必須有無比堅強的信念，必須用嚴明的紀律來約束自己。

西點軍校向來以制度完善、紀律嚴明著稱，每一位新學員進入西點第一個需要明確的校規就是嚴格遵守紀律、堅決服從上級的命令。西點人認為自覺自律是意志成熟的標誌。

西點一位畢業生講述了在西點軍校的親歷親聞：西點軍校制定了嚴格的規章制度。從學員的選拔、錄取、淘汰到學員的日常生活、行為準則、服裝與儀表、營房與宿舍、人身與財產安全、假期、教學程序、待遇與特殊待遇等都作了詳盡明確的規定。這些規章制度像是高懸的達摩之劍，準備隨時刺向違規者，對於學員的行為有著很強的約束力。

「我們要做的是讓紀律看守西點，而不是教官時刻監視學員。」這是西點人的宣言。西點軍校認為：紀律使士兵成為自由國度戰爭時可以信賴的對象，一支紀律森明的隊伍才是最優秀、最有戰鬥力的。

只有服從紀律的人，才能執行紀律，紀律就是聖旨，無可替代。

曾經有位西點學員膽子很大，無視不得質疑校規的制度，硬要表現得與眾不同。有一次，他對軍校強迫學員參加禮拜提出疑問，儘管提問題的方式完全合法，但他忽視警告，堅持自己的觀點，不斷質疑，也因此受到提交軍法審判的威脅，同時也有人提出不予畢業問題。他的寢室還遭到非法搜查，並被沒收了一些私人書籍和信件。這名學員向檢察長提出申訴，騷擾才告終止。但是，處罰並沒有減輕，這名學員在3週內走了80小時，其中接連6天扛槍連續走6小時。為此他的右髖部得了慢性病，醫生說別的器官可能也受到損傷。問題是在罰走期間去看醫生，情況會更糟，處罰不會因為醫生關於傷痛的結論而減輕。如果不能在規定時間內完成處罰項目，正常的休假將被取消；即使宣布畢業也要留下來，直到執行完懲罰才能離開。

對這位學員的最後意見，是當時的校長撒母耳・科斯特少將擬訂的。於是，問題的包袱又背到了部隊，影響了這位學員正常的發展和晉升。部隊根據軍校意見，在一開始是推遲任命具體職務，後來是推遲正常的自動晉升中尉的時間。無奈，這位學員以少尉軍銜憤然復員。但西點的原則依然運行，合格軍官的準則任何人不可動搖，無論別人是否為此付出了巨大的代價。

巴頓將軍認為：「紀律是保持部隊戰鬥力的重要因素，也是士兵們發揮最大潛力的關鍵。所以，紀律應該是根深蒂固的，它甚至比戰鬥的激烈程度和死亡的可怕性質還要強烈。」他要求部隊必須有鐵一般的紀律，不能有一絲含糊的，他認為遵守紀律是一個軍人的基本素質。

1942年3月，巴頓出任第二軍軍長，當時第二軍的軍紀非常差，巴頓上任後的第一件事就是狠抓部隊的紀律建設。當時第二軍軍官士兵訓練遲到的現象非常嚴重，因此巴頓規定七點半必須開飯，晚來半分鐘也吃不到飯，遲到的人就要餓著肚子挨到中午。接著他又規定每一個官兵必須戴鋼盔，繫領帶，紮綁腿，包括護士在內，每人都不能例外。定下這個規矩之後，巴頓每天到司令部轉一圈之後，就到各個部隊去檢查，專門抓不戴鋼盔的人。他的檢查很嚴格，連廁所也不放過。經過巴頓的軍紀整頓，第二軍的渙散局面很快改善，面貌煥然一新。

真正是紀律應該是人們心中的一種自覺的道德認識，而不僅僅是出於對懲罰的恐懼的無奈選擇。對於一個紀律嚴明的團隊來說，從最開始成員出於不受懲罰而遵守紀律，到把紀律變成個人目標，把原本強制的行為變成一種自然的行為，這時，紀律就成為了一種風氣，這個團隊的精神面貌也會變得昂揚向上。

美國著名的培訓家拿破崙・希爾曾講述了這樣一個真實的故事：

華盛頓一家百貨公司專門開設了一個櫃檯受理顧客們的投訴，很多女士排著長隊，爭著向櫃檯後的那位小姐訴說自己受到的不公平待遇以及對公司服務的諸多不滿。其中很多顧客說話粗暴、蠻橫無理。但櫃檯後的這位小姐一直微笑著接待這些憤怒的顧客。她優雅而又從容，微笑著告訴這些顧客應該找公司的哪個部門解決問題。她的親切和隨和，很好地安撫了這些婦女的不滿情緒。透過觀察，我發現她的身後站著另外一個女郎，不斷地在紙條上寫著什麼，然後把寫好了的紙條遞給她。原來紙條上寫的就是這些婦女抱怨的內容，但是，省略了她們尖酸刻

薄的言語。

後來我才知道，這位一直微笑著的小姐是個聾子，後面的人是她的助手。出於好奇，我去拜訪了百貨公司的經理。經理說，這個接待顧客投訴的崗位曾經有很多人嘗試過，即使他告訴過她們應該該怎麼做，但一直沒有人能夠勝任。只有這個耳聾的員工才有足夠的「自制力」來出色地完成這個艱巨的任務。

把外在的紀律條文內化成為內心的道德，成為一種自覺自為的行為，這才是真正樹立起了紀律觀念，具備的嚴守紀律的精神。紀律的最終目的是讓人們即便是不在別人的監視和控制之下，也能懂得什麼是正確的。

西點認為，年輕人血氣方剛，很容易意氣用事，結果毀掉了自己的前程，而透過紀律鍛鍊可以迫使一個人學會在艱苦的環境下怎樣工作和生活。我們應該認識到紀律不是枷鎖，嚴謹的態度和優良的作風來源於對紀律的嚴格遵守。一個不遵守紀律的人，一定是一個沒有自制力的人，而自制力的缺乏正是導致失敗的罪魁禍首。紀律的終極目的就是達到這種自制力。在任何情況下，要能穩住自己，就必須使你身上的情緒和自制力達到平穩。長期在紀律的嚴格要求下行事，你才會具有自制精神。而這種自制精神，是做任何事情都不能缺少的。

遵守紀律同時也是一種責任精神的體現。

讓我們來看一下一個關於海盜的故事吧！在羅伯茲的海盜生涯中，他總共搶劫了四百多條船，他有著非常複雜的人格內涵。首先和別的海盜不一樣的是，他從不喝烈酒，只喝淡茶。他非常注重章程，有一份羅伯茲制定的船規是這樣寫的：

一、對日常的一切事務每個人都有平等的表決權。

二、偷取同夥的財物的人要被遺棄在荒島上。

三、嚴禁在船上賭博。

四、晚上8點準時熄燈。

五、不許佩帶不乾淨的武器，每個人都要時常擦洗自己的槍和刀。

六、不許攜帶兒童上船，勾引婦女者死。

七、臨陣脫逃者死。

八、嚴禁私鬥，但可以在有公證人的情況下決鬥，殺害同伴的人要和死者綁在一起扔到海裡去（皇家海軍也有類似規定）。

九、在戰鬥中殘廢的人可以不幹活留在船上，並從「公共儲蓄」裡領800塊西班牙銀幣。

十、分戰利品時，船長和舵手分雙份，炮手、廚師、醫生、水手長可分一又二分之一份，其他有職人員分一又四分之一份，普通水手每人得一份。

在這些章程的字裡行間，我們能體會到紀律的細緻嚴格，在其他的海盜船也有類似的規定，但執行最嚴格的就是羅伯茲。由於這種種行為和規律，他獲得了「黑色準男爵」的綽號，這份海盜的「十戒律」用後世歷史學家的話說：洋溢著「原始的民主主義」。

在海上，船隊的紀律是極其嚴明的，有時甚至是殘酷的。正是由於這種嚴明的紀律，才造就了一支又一支優良的船隊，才是船隊戰無不勝的強有力保證。自覺遵守紀律是船隊上所有成員的優良品質。任何一個船員如果想擔負起責任，沒有這種品質是不行的；他們如果想很好地為自己的船隊服務，也必須具備這樣的品質。自覺遵守紀律之所以這樣重要，因為這是一個優秀士兵所必須具備的素質，也是他們本身所具有的執行能力的保證。在他們心裡，紀律就是聖旨，紀律是至高無上的。

一個人是能夠並願意做出多種選擇的，比如奮鬥勝於安逸，真理勝於錯誤，勤奮勝於荒廢。這每一項都要求一個人認真考慮和選擇，在自覺自願的情況下懂得什麼才是正確的，什麼才是團隊所希望的。簡而言之，這就叫做遵守紀律。

遵守紀律關鍵不僅是有責任心和自制力，更重要的是對組織的能夠認同組織的價值觀，並且實踐組織的目標，也就是說要對組織有瞭解，人對自己有自尊。只有在共同價值觀的引導下，紀律才不會引起心中的怨恨。為了共同的目標而遵守的紀律，組織成員間的關係更加融洽。

請記住塞尼加的話：「只有服從紀律的人，才能執行紀律，紀律就是聖旨，無可替代。」

22 紀律是執行力的根本保證

「言必行，行必果」是優秀軍人的風範，而「令行禁止」是培養這種風範的前提。嚴格的紀律性造就一個人嚴謹的工作作風，同時來格的紀律也是有效執行的根本保證。

*IBM*總裁魯·郭士納認為「一個成功的企業和管理者應該具備三個基本特徵：即明確業務核心、卓越的執行力及優秀的領導能力。」執行力是一個人從平凡走向卓越的重要指標，是一個人經營生活、縱橫職場的王牌。

有一家公營企業被日本財團收購整併。廠裡的人都翹首盼望著日方能帶來讓人耳目一新的管理辦法。出人意料的是，日本人來了，卻什麼都沒有變。制度沒變，人沒變，機器設備沒變。日方就一個要求：把先前制定的制度堅定不移地執行下去。結果怎麼樣？不到一年，企業就扭虧為盈。日本人的絕招是什麼？執行，無條件地執行。

僅有戰略，並不能讓企業在激烈的市場競爭中脫穎而出，而只有執行力才能使企業創造出實質的價值。失去執行力，就丟失了企業長久生存和發展成長的必要條件，沒有執行力，就沒有企業核心競爭力。如果一個戰略規劃如果不能得以執行，或者執行不力，它再正確，也無異於「紙上談兵」，最終只會付之東流，使企業喪失發展、成長的機會。所以，如果想要戰略計畫得到真正意義的實施，最關鍵的就是員工有紀律意識，紀律意識是執行力的根本保證。

企業的制度是否完善、紀律是否嚴明關乎一個它的生死。一個科學的制度是執行理念，不是形而上學的擺設，更不是可有可無的裝飾品。他不僅是執行的依據，更是貫穿著整個執行過程的核心精神。許多的執行不利都是沒有把制度和紀律貫徹到底的結果。

執行力因紀律意識的淡薄而成為無源之水、無本之木，沒紀律意識的表現主要有三：

第一，違背規章，投機取巧。在一些企業經常出現這樣的情況：員工經常牢騷滿腹，抱怨老闆的苛刻和公司制度的嚴格，而不願兢兢業業、盡心盡力地工作，一會兒工夫就要偷懶或投機取巧，沒人監督幾乎就不能工作。

一般人都有正常的能力和智力，但很多人為什麼沒有獲得成功呢？很大一部分原因就是他們習慣於違背規章、投機取巧，並且不願意付出與成功相對應的努力。他們渴望到達頂峰，卻又不願走艱難的道路；他們渴求勝利，又不願為勝利做任何一點犧牲。投機取巧和無所事事都會令人退步，只有努力而勤奮踏實地工作，才能帶給人真正的幸福和快樂，並為個人的職業發展打下良好的基礎。一個想要獲得空間自由的人，是必須以嚴格遵守紀律為前提的。

第二，無視紀律，做事輕率。許多人之所以失敗，往往歸咎於他們的粗心大意、莽撞輕率。許多員工做事不求最好，只求差不多，沒有把紀律放在心上，也並不嚴格要求自己。這種懶散、馬虎的做事風格很容易轉化為習慣，人一旦染上了這種壞習慣，就會變得不誠實，這對執行力、對執行結果都是一種極大的傷害。現代社會，企業如果沒有核心競爭力，將會逐漸走向衰落，而不具備核心能力的人，同樣注定不會有太大的職業發展。

第三，疏忽職守，好高騖遠。曾經有人說過：「無知和好高騖遠是年輕人最容易犯的兩個錯誤，也常常是導致他們失敗的原因。」許多人內心充滿夢想與激情，可當他們面對平凡的生活和實際的工作時，就會無計可施、無從下手。他們常常聚在一起，暢談他們的未來和夢想，好像博古通今才能非凡，但一旦面對具體問題和事情，一涉及自己平日裡的實際工作行業情形，就茫然不知所措。

企業的營運和發展固然需要有整體

> 失去執行力，就丟失了企業長久生存和發展成長的必要條件，沒有執行力，就沒有企業核心競爭力。

性的規劃和全局性的戰略思考，但更需要有將種種規劃與構想加以實施、完成實際事情的執行力。「說話的巨人，行動的矮子」如此的員工，永遠不會給企業帶來實質性的作用。

作為員工，不管未來發展的前途如何，我們都不要好高騖遠，而要腳踏實地，忠於職守，做好每一件小事，具備絕對高效的執行能力。凡是事業上有所作為的人，都是踏踏實實地從簡單工作開始，慢慢發展起來的。他們透過做一些微不足道的小事找到自我發展的平衡點和支點，調整心態，積蓄力量，逐步邁進成功的大門。請記住：優秀員工遵守紀律，四流員工無視紀律。

紀律意識是執行力的保證，你的執行力又決定著你工作的績效和人生的成敗執行的關鍵在團隊。企業是一個執行的團隊，這個團隊的執行力分解到個人就是執行，企業的團隊執行力最終表現企業為在市場中的競爭力。一個團隊的執行力，不僅取決於每一名成員的能力，更取決於成員與成員之間的相互協作、相互配合，這樣才能均衡、緊密地結合成一個強大的整體，「心往一處想，勁往一處使」、「全心全意」，這樣才能保證團隊行動方向的一致性，行動步伐的統一性。一個人能力再強，如果不能與企業這個團隊榮辱與共，沒有紀律意識，不能與團隊其他成員合轍合拍，最終只會是企業的「拖累」，企業前進的「負力」。

不守紀律是拖延的溫床。遇到問題應立即處理，絕不可拖延。雖然拖延的原因有很多種，如懶惰、畏難等，但不守紀律卻是最本質、最內在的原因。如果要克服拖延，避免拖延帶來的惡果，就應該從守紀律做起。畢竟，撤掉惡習滋生的溫床乃制勝的根本之道。

思果是一家餐廳的老闆，他平日裡最反感的就是那些消極怠工、怠慢客人的員工。當客人們提出要些餐巾紙、換雙筷子、添點茶水時，這些員工要嘛動作慢慢吞吞，甚至擺出一副極不耐煩的面孔，事情能拖則拖，服務環節能省則省，其結果自然無法讓客人滿意。只要發現這樣的員工，思果立刻就會讓他們捲舖蓋走人。因為這些員工目無紀律，更不守紀律，如果這種拖延的習性一味地蔓延下去，就會嚴重傷害其他員工的積極性，影響餐廳的生意。

不守紀律的人常常將前天該完成的事情拖延敷衍到後天。其實，在工作中，有許多重要的事情，不是沒有想到，而是不願立刻去做，時過境遷，漸漸地就淡忘了。

一家外貿公司的老闆要到美國辦事，且要在一個國際性的商務會議上發表演說。他身邊的幾名要員忙得頭暈眼花，甲負責演講稿的草擬，乙負責擬訂一份與美國公司的談判方案，丙負責後勤工作。在該老闆出國的那天早晨，各部門主管也來送行，有人問甲：「你負責的文件打好了沒有？」

甲睜著那惺忪睡眼說道：「今早只有4個小時睡眠，我熬不住睡去了。反正我負責的文件是以英文撰寫的，老闆看不懂英文，在飛機上不可能複讀一遍。待他上飛機後，我回公司去把文件打好，再以電訊傳去就可以了。」

誰知轉眼之間，老闆駕到，第一件事就問這位主管甲：「你負責預備的那份文件和資料呢？」

這位主管甲按他的想法回答了老闆。老闆聞言，臉色大變：「怎麼會這樣？我已計畫好利用在飛機上的時間，與同行的外籍顧問研究一下報告和資料，別白白浪費坐飛機的時間！」天！甲的臉色一片慘白。

到了美國後，老闆與要員一同討論了乙的談判方案，整個方案既全面又有針對性，既包括了對方的背景調查，也包括了談判中可能發生的問題和策略，還包括如何選擇談判地點等很多細緻的因素。乙的這份方案大大超過了老闆和眾人的期望，誰都沒見到過這麼完備而又有針對性的方案。後來的談判雖然艱苦，但因為對各項問題都有細緻的準備，所以這家公司最終贏得了談判。

出差結束回到國內後，乙得到了重用，而甲卻受到了老闆的冷落。如果當時心中有紀律，並能刻不容緩地立即執行，也不會一拖再拖，以致最後誤了大事。不守紀律是拖延的溫床。

凡事都留待明天處理的態度就是拖延，這是一種很壞的工作習慣。

每當要付出勞動時，或要作出抉擇時，總會為自己找出一些藉口來安慰自己，總想讓自己輕鬆些、舒服些。奇怪的是，這些經常喊累的拖延者，卻可以在健身房、酒吧或購物中心流連數個小時而毫無倦意。但是，看看他們上班的模樣！你是否常聽他們說：「天啊，真希望明天不用上班。」帶著這樣的念頭從健身房、酒吧、購物中心回來，只會感覺工作壓力越來越大。

作為一名優秀的員工，任何時候都不要自作聰明地設想工作，期望工作的完成期限會按照你的計畫而後延。優秀的員工都會謹記工作期限，並清楚地明白，在所有老闆的心目中，最理想的任務完成方式是：不要讓今天的事過夜，不要拖延，今天事今天完成。

如果你存心拖延逃避，你就能找出成千上萬個理由來辯解為什麼事情無法完成，而對事情應該完成的理由卻想得少之又少。因為把「事情太困難、太昂貴、太花時間」等種種理由合理化，要比相信「只要我們更努力、更聰明、信心更強，就能完成任何事」的念頭容易得多。

拖延的習慣體現在日常工作中的以下幾個方面：

一、等待上級的指示。上級不安排工作，員工就坐等；上級不指示，員工就不執行；上級不詢問，員工就不彙報；上級不檢查，員工就拖著辦。多幹事情多吃虧，多幹事情多出問題，大多數拖延之人都抱著這樣的觀點。大多數情況下，其工作往往是在多次檢查和催辦下才完成的。

二、等待對方的回覆。「我已與對方聯繫過，什麼時候能得到回覆我無法確定。」「延誤工作的責任應該由對方負責，我只能等。」「追究責任也不怕，我某月某日把這份文件送給對方，這裡紀錄得很清楚，對方不回覆，我又怎麼辦？」將責任推給別人，是拖延之人慣用的伎倆。

三、等待生產現場的聯繫。不主動去為現場提供服務，不主動到一線瞭解實際情況，而是坐等他人來報告，等久了還不耐煩，對他人妄加指責。他們從不設身處地去為他人著想，從來不想如何及時處理問題，嚴重地影響了生產現場問題的及時解決。

拖延的習慣不僅影響工作效率，而且會造成個人精神上的重大負擔。事情未能隨到隨做，隨做隨了，漸漸堆積在心上，既不去做，又不能忘，實在比早做多做更加疲勞。和精力，反而白白浪費了寶貴時間。懶惰不僅無法讓人放鬆，相反卻使人心力交瘁能拖就拖的人心情總是無法釋然，該做未做的工作始終給他一種壓迫感。拖延不僅不能省下時間，疲於奔命。

拖延還會消磨人的意志，使你對自己越來越失去信心，懷疑自己的毅力，懷疑自己的目標，甚至會使自己的性格變得猶豫不決。懶惰和拖延對於一位渴望成功的人來說具有很大的破壞性，它使人喪失進取心，與自己的奮鬥目標背道而馳。

因此，任何情況下都不要自作聰明，以為工作會按照自己的意願發展，而是要清醒地認識到，一廂情願地拖延與等待，不僅會影響自己的前程，而且還會給他人造成巨大的損失。遇到問題應立即處理，絕不可拖延。因為不論用多少種方法來逃避責任，該做的事，還是得做。拖延是一種相當累人的折磨，隨著完成期限的迫近，工作的壓力反而與日俱增，這會讓人覺得更加疲倦不堪。

23 紀律是敬業的基礎

敬業，就是尊重自己的職業，遵守職業紀律。如果一個人能夠遵守職業紀律，他就能夠以虔誠的心對待職業，甚至對職業有一種敬畏的態度，他就已經具有敬業精神。但是，他的敬畏心態如果不是以紀律為基礎，那麼他的敬業精神就還不徹底，還沒有掌握精髓。一個人沒有真正的敬業精神，就不會將眼前的普通工作與自己的人生意義聯繫起來，就不會產生對工作的敬畏態度，當然就不會產生神聖感和使命感。

一個團結協作、富有戰鬥力和進取心的團隊，必定是一個有紀律的團隊；同樣，一個積極主動、忠誠敬業的員工，也必定是一個具有強烈紀律觀念的員工。可以說，紀律永遠是忠誠、敬業、創造力和團隊精神的基礎。對企業而言，沒有紀律，便沒有了一切。有了紀律，就可以由此打造一個忠誠敬業的團隊。

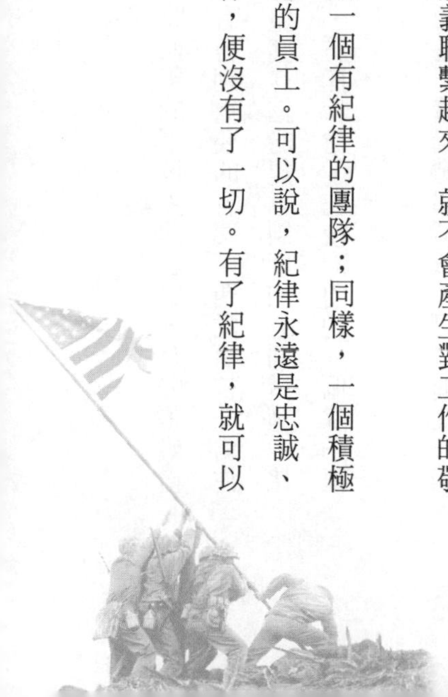

在西點軍校，具有很強紀律約束的軍事訓練貫穿在歷時四年的軍校生活之中，有緊張嚴格的夏季訓練，也有室內軍事理論訓練。紀律在西點軍校具有特別重要的意義。西點軍校非常注重對學員進行紀律鍛鍊，為了保障紀律的實施，西點有一整套詳細的規章制度和懲罰措施。比如，如果學員違反軍紀軍容，校方通常懲罰他們身著軍裝、肩扛步槍，在校園內的一個院子裡正步繞圈走，少則幾個小時，多則幾十個小時。

紀律鍛鍊主要是在新生入學後的第一年內完成。西點認為，透過紀律鍛鍊，可以迫使一個人學會在艱苦條件下怎樣工作與生活。

比如日常的著裝訓練，由高年級學員管新生。他們一會兒下令集合站隊，一會兒又指令新生返回宿舍換穿白灰組合制服，限定在5分鐘內返回原地並報告。在整個過程中，必須無條件地完成指令，不得有任何藉口。這樣的訓練整整持續一年，紀律觀念由此深深地根植於每個人的大腦中。

同時，與之而來的是每個人強烈的敬業心、自尊心、自信心和責任感，這是一些讓人受益終身的精神和品質。很多經過西點軍校四年嚴格訓練的學員畢業後，在所服務的公司、企業創造了不凡的成績，締造了很多神話。這跟他們曾經在西點受訓而養成的根深蒂固的紀律觀念是分不開的。他們在公司、企業內部能夠成功地將這種紀律觀念灌輸給他們的每一個下屬，使整個團隊、每個員工都能夠嚴守紀律，高效率地工作。

當企業的每一個員工都具有強烈的紀律意識，在不允許妥協的地方絕不妥協，在不需要藉口時絕不找任何藉口，比如品質問題，比如對工作的態度等，那麼，工作便會因此而有一個嶄新的局面。

誠如巴頓將軍所說：「我們不可能等到2018年再開始訓練紀律性，因為德國人早就這樣做了。你必須做個聰明人：動作迅速、精神高漲、自覺遵守紀律，這樣才不至於在戰爭到來的前幾天為生死而憂心忡忡。你不該在思慮後才去行動，而是應該盡可能地先行動，再思考。只有紀律才能使你所有的努力、所有的愛國之心不致白費。沒有紀律就沒有英雄，你會毫無意義地死去。有了紀律，你們才真正的不可抵擋。」

在這個競爭激烈的時代，員工的紀律觀念十分重要。有一位剛進企業的女員工因為忍受不了嚴格的制度約束，不肯接受領導下達的命令，便辭職走人了。這個女孩後來到好幾家企業工作，都同樣做不好，轉來轉去，現在仍然一事無成。

不論是不是你的責任，只要關係到公司的利益，你就不可以置身事外，都該毫不遲疑地維護。如果你想使老闆相信你是個可造之才，最好最快的方法，莫過於積極尋找並抓牢促進公司發展的機會，哪怕不關你的責任，你也要這麼做。

員工若是沒有服從紀律、遵守規定的習慣，就會像一盤散沙一樣自由行事，這樣企業就難有發展；只有員工們團結一致，高品質地完成企業的任務，為共同目標而努力奮鬥，企業方能基業常青。

敬業的基礎是紀律，紀律觀念必須深深地植根於每個人的大腦中。遵守紀律不僅是每個人生存的基本需要，也是幫助公司和個人走向成功的關鍵因素。

紀律不僅是敬業的基礎，紀律同樣也是責任的源泉。紀律的缺失實質上就是責任的推卸。工作就意味責任，責任在身就要求你守紀律、承擔責任，不守紀律的實質就是推卸責任。我們可以選擇多承擔一點責任，也可以選擇少承擔一點責任，但是，總會有人根本不願意承擔任何責任，責任一到身邊就選擇逃避和推卸，這是不守紀律的實質表現。

美國總統杜魯門上任後，在自己的辦公桌上擺了個牌子，上面寫著：「問題到此為止。」意思就是說：你的責任就是你的責任，不能再推。

有一個著名的企業家說：「職員必須停止把問題推給別人，應該學會運用自己的紀律觀念和責任感，著手行動，處理這些問題，讓自己真正承擔起自己的責任來。」

在工作和生活中，有些人總是抱著付出更少、得到較多的思想行事。在這種情況下，不負責任的問題就出現了。如果他們能夠花點時間，仔細考慮一番，就會發現，人生的因果法則首先排除了不勞而獲。因此，我們必須要為自己身上發生的一切負責。

許多人都不願意承擔責任，尤其是一些公司裡的員工。在工作的過程中，他們假裝不知道有責任和任務的存在，當事情中途出現了糟糕的局面後，便推說自己並不知道有關的任務或責任，以此來逃避，或者推卸自己應該承擔的責任。

傑克是一家傢俱銷售公司的部門經理，有一次，他在公司裡偷偷獲取到一個情報：公司高層決定安排他們部門的人員到外地去處理一項難纏的業務事件。他知道這項事務非常棘手，要想處理妥善，並非那麼容易的一件事，所以，提前一天告假。第二天，上面安排任務，恰好他不在，便直接把任務交待給他的助手，讓他的助手轉達。當他的助手打他的手機，向他彙報這件事情時，他便在電話中給他的助手安排了工作，以自己有病為藉口，讓他頂替自己帶一幫人去處理這項事務。處理這項事務的具體操作辦法，他在電話中也教給了這位助手。

半個月後，事情辦砸了，他怕公司高層追究這件事的責任，便以自己告假為由，言稱自己不知道這件事情的具體情況，一切都是助手自作主張，帶領一幫人去處理的。按他的想法，助手是總裁安排到自己身邊的人，出了事，讓他頂著，在公司高層面前還有一個迴旋的餘地，假若讓自己來承擔這件事的責任，恐怕有被降職罰薪的情況發生。總裁聽了助手的具體闡述，對這位經理的人品產生了懷疑，害怕他把這種手段當作慣伎，影響了公司的團結和業務發展，所以再也沒有給過他一份富有挑戰性的工作。

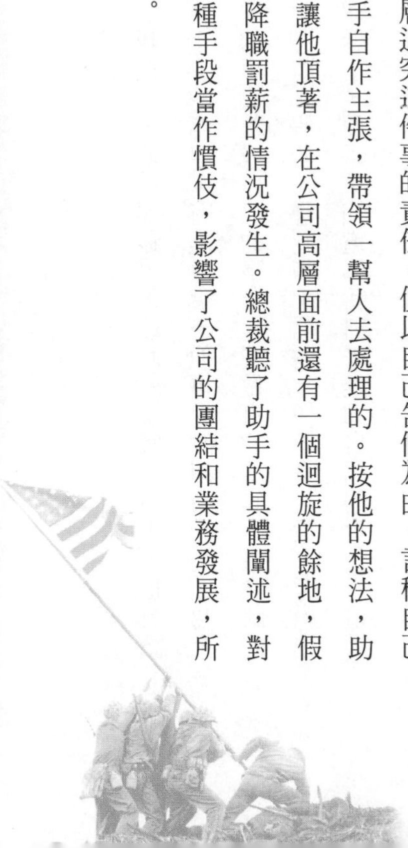

一個沒有紀律觀念的員工，就是一個推卸責任、逃避困難，不敢面對挑戰的員工，很難讓人相信他會真正為企業擔當什麼責任，作為企業的領導，有誰敢賦予他更大的使命呢？作為企業的一員，拿著公司的薪水，就應該把企業的事業當成自己的事業，在做事的時候，也應該站在公司的立場上為企業的穩定和發展而謀劃考慮。假若一碰到棘手問題，便籌畫對策，考慮逃避責任的方法，以此來迴避責任，當事情辦砸了，便以不知道為藉口來推卸自己的責任，這樣做只會為自己的事業發展埋下「禍根」。

也許逃避一次責任會讓你竊喜，以為聰明本來就是屬於你的而別人是傻瓜。可是，只有當發現此後責任再也不會在你面前出現的時候你才會明白，那些承擔過責任的人有了更豐富的經驗，有了更好的職務，甚至老闆都和他稱兄道弟，他們其實並不傻。在平日工作中，總有人會推卸責任。員工最愚蠢的行為就是推卸責任。在需要你承擔責任的時候，勇敢地去承擔它，這時你可能就抓住了最好的機會。

美國塞文機器公司前董事長保羅・查萊頓曾經這樣說：「我不止一次警告我手下的員工，如果有誰說：『那不是我的錯，那是他（其他的同事）的責任。』這樣的話被我聽到，我就會毫不留情地開除他，因為說這話的人顯然對我們公司沒有足夠的興趣。你願意站在那裡，眼睜睜地看著一個醉鬼坐進車裡去開車，或是一個兩歲大的小孩單獨在碼頭上玩耍嗎？我是絕不允許你那麼做的，你必須去制止那個醉鬼的行動，必須跑過去保護那個兩歲的小孩才行。」

「同樣地，不論是不是你的責任，只要關係到公司的利益，你就不可以置身事外，你都該毫不遲疑地加以維護。因為，如果一個員工想要得到提升，任何一件事情都與你有關聯。如果你想使老闆相信你是個可造之才，最好、最快的方法，莫過於積極尋找並抓牢促進公司發展的機會，哪怕不關你的責任，你也要這麼做。」

巴頓將軍有句名言：「自以為了不起的人一文不值。遇到這種軍官，我會馬上調換他的職務。每個人都必須遵守紀律，必須心甘情願地為完成任務而獻身。」他所強調的是，每個人都應該付出，要到最需要你的地方去，時刻不能忘記你的責任。

承擔責任在不同的工作狀態下有不同的形式。但一個總的原則是要熟悉自己的崗位職責，明瞭自己的權限。發現自己的工作職責內的任何事情都要主動地予以解決，除非出現資訊不對稱的情況，否則等領導來安排你去工作時，就是你的失職。如一個花匠，定期澆水、修剪，花草出現枯萎等情況要及時救治或要搬離現場，這些工作統統都是無須安排的，不管什麼理由，你做不到，就是失職，就是沒有承擔起應承擔的責任，因為你的工作讓你的領導費了心。

春草是公司質管部經理，人非常聰明，也很能幹，就是有一個缺點，凡事都想給自己留好退路，對比較棘手的事情，可能要承擔責任的事情，會想辦法推給其他部門或自己的上司。她非常善於用與你商量或彙報的語氣溝通工作，一旦你有什麼意見比較符合她的心願，她就會去執行，而一旦出現了問題，她便會把責任往你身上推。

她的這種思想和做法最終還是釀成了大錯。一次，市場上的產品出現了品質問題，她檢查了一下，認為工藝原料等都沒有差錯，就覺得是技術問題。技術部門檢查後說技術也沒問題，她就認為是技術中心不配合，問題無法解決，就把事情擱置起來了。後來品質問題在市場上暴露得越來越嚴重，並最終造成大量的退貨，給公司造成了巨大的損失。在追究責任時，她還堅持認為是技術中心不配合導致的結果，絲毫沒有認識到作為對品質負總責的她，應該在這個過程中充當一個什麼樣的角色。由於她缺乏管理者的基本素質，當場就被總經理解雇了。

我們每個人必須明白自己的責任就是自己的，只要有錯就去勇敢承認，不進行任何推卸和辯解，也不要去找其他客觀理由。一個有著很強紀律觀念的人必然不會推卸責任，一個勇於承擔責任的人必然是一個敬業的人。責任與敬業是一個人生存之本，紀律則是立本之土壤。

信念

24 有必勝的信念才有勝利的結果

西點畢業生著名作家愛倫坡說過：「強烈的成功欲望會使一個人忘記一切苦痛，迎來成功的一天。」信念，是一種內心的力量，它牽引著你不停地往某一個方向前進，支撐著你把1%的希望變成百分之百的現實。

信念，就是在絕望的黑暗中相信那僅存的1%的光亮，在電影《肖申克的救贖》裡為我們講述了這樣一個故事。

1947年，銀行家安迪被指控槍殺了妻子及其情人，被判無期徒刑，這意味著他將在肖恩克監獄中度過餘生。

然而，在體驗監獄裡的黑暗和殘暴時，他沒有放棄過對自由的嚮往，因為他知道自己是清白的，他不屬於這裡。他心中一直都存在一種回歸自由的強烈信念！

在監獄裡，他認識了因謀殺罪被判終身監禁的瑞德，瑞德答應了安迪的要求，幫他弄到了一把岩石錘，讓他雕刻石頭來消磨監獄裡的時光。後來，安迪從一個新囚犯那裡得知自己有望洗刷冤屈，於是向典獄長提出要求重新審理此案，卻沒想到典獄長為阻止安迪獲釋而不惜設計害死知情人。面對殘酷的現實，安迪決定採取行動。

原來精通地質的安迪早就發現牢房的牆很易挖掘，於是藉用明星海報的掩飾，整整20年，他在每天晚上固定的時間靠那把小小的岩石錘挖出了一條逃生隧道；寫了整整6年信，為監獄的囚犯們爭取到了一座圖書館；利用自己的財務知識，使得典獄長重用自己，並為自己逃生後的生活做了一切安排；將一個不識字的年輕人培養成為一個合格的學生……以上的一切均在似長不長，似短不短的20年中完成了，就是這種爭取自由和幸福的信念支持著安迪在一個四面高牆、充滿黑暗和絕望的惡劣環境中堅持了下來。

只要抱著必勝的信念，只要不被自己擊敗，那還有什麼能夠擊敗你呢？

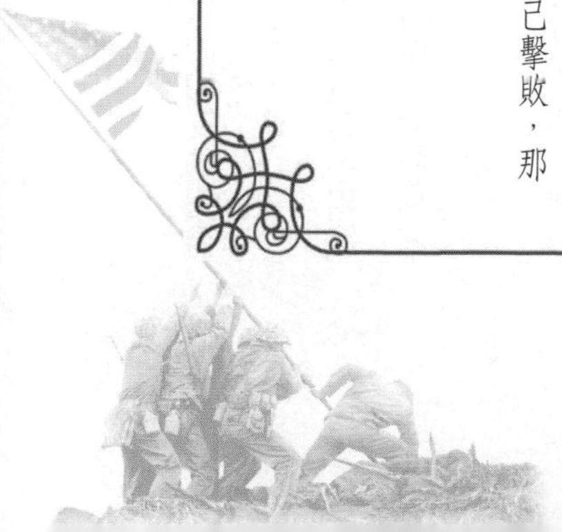

最後在在一個風雨交加的夜晚，安迪爬過500碼的下水道，逃出監獄。獲得自由的安迪揭發了典獄長的惡行，並且利用典獄長貪污受賄的錢買了座小島。

在最易磨滅希望的監獄裡，安迪用各種方式提醒自己和身邊的人們——這世上還有不用高牆鐵欄圍起的地方，這是任何人都無法觸摸的，是屬於自己的，那是存於心底的他心中無刻不在的希望的信念！

片中瑞德說了這麼一句旁白：「有一種鳥兒是永遠也關不住的，因為牠的每片羽翼上都沾滿了自由的光輝！」

信念的力量是如此之強，當安迪爬出下水道重獲自由的那一刻，就是他重生的那一刻。每個人都是鳳凰，但是只有經過命運烈火的煎熬和痛苦的考驗，才能浴火重生，並在重生中達到昇華。只有心中充滿了勝利的希望，才不會被任何世俗偏見、艱難困苦所打倒。

趙小蘭，美國勞工部部長，是進入美國總統內閣的華裔第一人。初到美國，生活非常困難，條件簡陋，語言不通，沒有朋友。面對陌生的土地、陌生的文化，趙小蘭總是這樣鼓勵自己：相信明天會更好。她從未覺得困難不可戰勝。

為了家庭和明天，趙小蘭的父親同時兼著三份工，承擔著重擔，奮力地拚搏。在美國的中國移民，尤其是第一代移民，為了下一代過上美好的生活，他們非常努力地工作，付出了常人難以想像的艱辛，這給了趙小蘭戰勝困難的堅定信念和巨大力量。

美國的華人移民歷來難以進入美國主流社會。趙小蘭的父母也曾鼓勵她向工程科學領域發展，在這方面語言不是大的障礙，華裔有著巨大的發展空間。但她卻選擇了從政。

趙小蘭說，人只要有信念，就敢於選擇，勇於堅持，就能顯示出決心和魄力，就能自己從內心勉勵自己克服困難，就一定會「自己有想法」，就「自己知道什麼是最重要的」。

幾十年來，趙小蘭憑著「相信明天會更好」的信念，成就了輝煌的事業。趙小蘭經常鼓勵新移民：「種族歧視當然會有，但重要的是不要讓這樣的挑戰擊敗你。種族歧視不會將你擊敗，唯一能擊敗你的是你自己。」

是的，只要抱著必勝的信念，只要不被自己擊敗，那還有什麼能夠擊敗你呢？

也許，每個人都曾有過絕望的感覺。它可能是一種無能為力的徹底挫敗，是一種走投無路的困頓無望，是一種從天上掉進懸崖的巨大反差，是一種刻骨銘心的心痛心碎，是一種寒風呼嘯中看不到任何光明和溫暖的黑色記憶……這種絕望很容易讓人自暴自棄地放任自己的墮落。但是，有成功信念的人是永遠不會墮落的，因為他的腳下踩著堅硬的岩石，無法墮落。即使是被扔到了北極，照樣能在溫暖的花叢中悠然自得的曬太陽。因為他們為在北極圈裡為自己建了一個開滿鮮花的溫室，在最絕望的時間地點保持樂觀的信念，從未放棄對美麗人生的執著追求。

25 永遠追求第一

西點意味著卓越。新學員一入校，西點就向他們灌輸這個理念。就如西點軍校前校長潘莫將軍所說的：「給我任何一個人，只要不是精神病人，我都能把他們練成一個優秀的人才。」

走進西點，便意味著告別平庸，走向卓越。當然，這種卓越是建立在道德的基礎之上的。在西點，學員們一直對那些成就顯赫、德行高尚的校友推崇備至。在稱得上美國民族英雄的西點名將中，麥克阿瑟是軍事上最具天賦的人物。*1962*年，他對西點學員，說了下面這些話：

「你們要以軍旅為家，要一心想著勝利。在戰爭中，你們必須知道是沒有任何東西能代替勝利的；如果戰敗了，我們整個國家就會滅亡；你們必須牢記責任、榮譽、國家。那些能挑起爭論的國際國內問題讓別人去喋喋不休地辯論吧；你們要沉著、冷靜、清醒，堅守在自己的崗位上，你們是國家防範侵略的衛士；在國際衝突的驚濤駭浪中，你們是國家的救生員；在戰爭的競技場上，你們是國家的鬥士。

「在一個半世紀的漫長歲月中，你們日夜戒備，英勇禦敵，保衛了國家解放、自由、正義和公平的神聖傳統。讓公眾去爭論政府的功與過吧。讓他們去爭論連年的財政赤字、聯邦政府日益增長的家長作風、各種權力機構變得十分傲慢、社會道德水準降得太低、各種稅收增長得太快、過激分子變得更加肆無忌憚，等等。這是否削弱了我們國家的力量，傷了國家的元氣？讓他們去爭論個人自由是否已經達到了應有的徹底和完整。這些重大的國家問題不是靠你們職業軍人或軍隊來解決的。你們的座右銘就像茫茫黑夜中光芒萬丈的燈塔——責任、榮譽、國家。」

比起夸夸其談，西點人更看重實際行動，努力追求完美結果。麥克阿瑟本人便是這樣的。

1899年6月13日，麥克阿瑟來到西點軍校報到。當時他已是一個風流倜儻、瀟灑漂亮的小夥子，被人稱為「軍校有史以來最英俊的學員」、「典型的西部牛仔」。有人說他像王子一樣神氣，

> 雖然，人類永遠不能達到完美，但在我們不斷增強自身實力的過程中，那種永爭第一的信念會促使我們不斷登峰，而我們也會朝一個又一個勝利奔去。

黑頭髮、黑眼睛，即使只穿游泳褲別人也能一眼看出他是個軍人。為了管住這位俊俏倜儻的士官，使之不受風流韻事的干擾，其母親也一同跟著來到西點住在學校附近的一家旅館裡，一陪就是兩年，直到丈夫從菲律賓回國後，她才離開兒子。在母親的督促下，麥克阿瑟進步飛快。

麥克阿瑟善於在群體中樹立自己的形象，競爭越激烈，他越能脫穎而出。在學業上，他比班上其他人更用功，常在熄燈號吹過、瓦斯停止供應後，還點著蠟燭讀書。為了不被察覺或影響他人休息，他就用軍毯把床圍起來。由於他思維敏捷，反應快，加之學習用功，其接受能力、理解能力、背誦能力和表達能力都很強。第一學年結束時，在全班134名學員中，麥克阿瑟的成績名列第一，並得到與一位四年級學長同住一個寢室的優待。因為四年級學員允許比其他年級的學員晚休息一個小時，這樣麥克阿瑟就可以多一個小時的學習時間。在其後的三年中，麥克阿瑟的學習成績除第三年一度降到第四名外，均為全班第一。到畢業時，他的總成績平均為98．14分，據說是25年來西點學員所取得的最高成績，在以後的許多年裡也無人能夠超越。

麥克阿瑟不但在課業方面出類拔萃，而且在軍事訓練和體育運動上表現也不凡。由於從小在軍營裡長大，他在耳濡目染中掌握了一定的軍事知識和訓練技巧，因此他的軍事科目樣樣優秀，無可匹敵，尤其擅長射擊和騎術。他是學校棒球隊的一員，曾贏過多次比賽。他還加入過足球隊和橄欖球隊，曾擔任橄欖球隊的領隊。

麥克阿瑟在西點軍校的另一引人注目之處是他所展示的領導才能。他曾連續三年獲得同年級學員中的最高軍階：二年級時任學員下士，三年級時任第一上士，四年級時任全學員隊的第一上尉和第一隊長。在西點軍校百年史上，獲得學員第一上尉和畢業成績第一這一雙重榮譽的，在他之前只有三個人。

麥克阿瑟在第一、二次世界大戰中也有卓越的表現。在第一次世界大戰中，他率領的彩虹師戰功卓著，他本人成為大戰中受勳最多的軍官之一，也是被提升為準將的最年輕軍官之一。

西點人明白，勝利是最好的說明。唯有卓越的成績可以說明一切。所以西點的教官十分注重向學員灌輸卓越意識，讓所有的學員明白全力以赴，奪得第一，才能帶來榮譽。

前總統吉米・卡特在海軍服役的時候，曾經申請參與核動力潛艇計畫。那時候負責這個計畫的是海軍上將海曼・里科弗，他的標準嚴厲以及要求之高在軍中無人不知。卡特那時候必須和這位傳奇色彩濃厚的將軍面談，只要是跟這位將軍面試過的申請者走出大門，都是滿臉的疑懼，顯然是被嚇壞了。但是要想獲得錄取，就得先過了海曼・里科弗這一關。

卡特回憶說，在他和海曼・里科弗上將的談話過程中，將軍大多讓他自由發揮，挑他自己比較熟悉的話題談。不過將軍問他的問題越來越難，而且都是卡特不怎麼熟悉的領域。

就在訪談即將結束的時候，將軍問他：「你在軍校裡頭的成績怎麼樣？」卡特非常驕傲地回答說：「我在820名的學員當中排名第59。」他滿心以為將軍會對這樣的成績表示讚賞，沒有想到將軍卻說：「看來你沒有全力以赴。」

吉米・卡特起初回答說：「不，我盡了全力。」但是後來他想了想，其實在盟邦、敵人、武器以及戰略等領域的認識上，他都還有加強的空間，因此後來他回答說：「是，我不是一直都如此全力以赴。」海曼・里科弗上將盯著卡特看了一會，然後轉身表示訪談結束，不過他丟了一個問題給卡特：「為什麼不？」

海曼・里科弗上將是不是太過嚴厲了？他對年輕的海軍是否要求太高？他的期望是否不切實際呢？吉米・卡特可沒想這麼多，海曼・里科弗上將那天所說的話令他畢生難忘。好幾年之後，卡特索性以這句話作為他的新書標題：《為什麼不出類拔萃？》。

約翰・麥斯威爾上校在《開發心中的領袖潛能》一書當中寫道：「大多數的人都會想要找些藉口來搪塞，而不是努力成為人上人。」

事實上，西點人必須付出全部的心力才能成為卓越的士兵，如果只是找個藉口搪塞為什麼自己不全力以赴，那真是不用費什麼力氣。同樣地，如果你想要在事業上出類拔萃，那就一定要付出相當的代價，捨此之外，別無捷徑。

美國*NBA*邁阿密熱火隊總經理兼主教練派特・萊利這麼說：「卓越是不斷追求更優越表現的累積『結果』。」值得注意的是，派特・萊利並沒有說「如果你這麼做，你就能夠掌握卓越的『配方』」。你必須一步一個腳印地成長，為更優越的表現做好準備，最後才能夠達到頂尖的水準。

儘管注重勝利，要求所有的學員都努力爭取第一，但是西點並不提倡「勝者王侯敗者寇」的觀念。追求卓越，重視勝利，同時也關心成功中的道德因素，或失敗中的道德評價，這也表現了西點人的豁達和寬容。

所以，如果你想在工作上有所作為、在事業上有所建樹，就必須向西點軍人一樣，無論何時都全力以赴，勇爭第一。

就像奧柯瑪的廣告詞一樣：「沒有最好，只有更好」。如今已隨著產品飛入了千家萬戶，成了人們追求完美與卓越的座右銘。不管做哪一行哪一業，我們只有懷著一顆追求完美的心，精益求精，才能取得更大的成績。

納迪亞．科馬內奇是第一個在奧運會上贏得滿分的體操選手，她在*1976*年蒙特利爾奧運會上完美無瑕的表現令全世界瘋狂。

納迪亞．科馬內奇在接受記者採訪，談到她為自己所設定的標準以及如何維持這樣的高標準時說：「我總是告訴自己『我能夠做得更好』，不斷驅策自己更上一層樓，要拿下奧運金牌，我不能過正常人的生活，必須比其他人更努力才行。對我而言，做個正常人意味著必須過得很無聊，一點兒意思也沒有。我有自創的人生哲學：『別指望一帆風順的生命歷程，要期盼成為堅強的人。』」

「一個人追求的目標越高，他的能力就發展得越快，對社會就越有益。」高爾基的這句話在今天聽來仍未過時。我們隨時都需要100％的投入才有希望傑出。僅僅完成工作中規定的任務，並不是一個能夠激勵人心的目標。如果你想要別人注意到你的努力，那你就得努力超越自己，達到卓越。

被譽為全美最傑出大學籃球教練員的約翰・伍登說：「成功，就是知道自己已經傾注全力，達到自己能夠達到的最極致的境界。」

對於優秀的人來說，成功並非最終的結果，而在於追求卓越的過程。一個永遠用最嚴苛標準要求自己的人才是最優秀的，也才是最讓人放心的。

某房地產公司的總經理曾回憶道：「1987年，一個與我們公司合作的外國公司的工程師，來拍專案的全景，本來在樓上就可以拍到，但他硬是徒步爬到一座山上才拍。當時我問他為什麼要這麼做，他只回答了一句：『回去後董事會成員會向我提問，我要把整個專案的情況告訴他們才算完成任務，不然就是工作沒有做到完美。』」

這位工程師的個人信條就是：「我要做的事情，不會讓任何人操心。任何事情，只有做到完美才是合格的。」

我們在職場中，又何嘗不應該像這位工程師一樣，不用別人督促，事事追求完美？一個人只有不斷提升自己的標準，鞭策自己更上一層樓，才有可能擺脫平庸的桎梏。

26 不服輸的人才有贏的希望

對於一個人來說，成功的信念和積極的心態比什麼都重要。只有這樣，你才能在困難中堅持，在堅持中成功。世界上最偉大的人，通常也是失敗次數最多的人。面對各種不利，只要有一點點成功的可能，就要永不放棄。

西點人認為：「任何事情只要你認為是正確的，事前切勿顧慮過多，最重要的是，拿出勇氣全力衝過去。過分謹慎，反而成不了大事。」

紐約華爾街是全世界最著名的金融街，這裡流傳著這樣一句話：「華爾街不是女人待的地方。」由此可見，一名女性想在這裡立足之艱辛。但是沒有任何金融背景的裔錦聲不僅在華爾街立足，還書寫了一段華爾街的職場傳奇。

剛剛在美國讀完中文博士的裔錦聲在找工作時看到舒利文公司的招聘廣告：要求求職者商

學院畢業；至少三年的金融專業或銀行工作經驗；能開闢亞洲地區的業務。

顯然，裔錦聲沒有達到要求，儘管如此，她還是很快整理好個人資料寄給舒利文公司。結果當然是石沉大海。但她還是不停亮劍，每天都給舒利文公司打聯繫電話，以至於人事部門一聽到是她的聲音，便想著各種理由婉拒。

最後，她鼓起勇氣撥通了舒利文公司總裁的電話。在電話裡她坦言：「我沒有商學院的學位，也沒有在金融業的工作經驗，但我有文學博士學位，文學就是人學，長期的文學薰陶使我善解人意。在獲得博士學位的過程中，我知道怎樣發現問題，解決問題。我是一個女性，經受了許多困難和歧視，我不僅沒有退縮，反而變得更加堅強。基於我擁有的這些優點，我將成為公司的財富，而且相信公司也一定會為我提供這個機會，這對雙方都是有益的事情。我很想到你們公司工作，但打了好多次電話都被拒絕了，請您給我一次機會吧。公司聘用我而我沒有幹好，最多損失幾個月的薪水。如果公司認為在我身上投資有風險，那你們可以先不付我薪水呀。」她劈裡啪啦一口氣說完了這些話。

半個小時後，舒利文公司通知她去面試，經過整整七次嚴格的面試後，舒利文公司拒絕了一百多名有金融背景的求職者，錄用了她這個對金融一無所知的文學博士。結果大出人們的意料。

經過五年的艱苦奮鬥，她因業績突出被破格提升為副總裁，成為該公司創立以來的首位外籍女性高級主管。

後來，裔錦聲問舒利文公司總裁為什麼最終會聘用她，總裁告訴她，正是她連珠炮似的話，尤其是最後一句話感動了自己。「因為妳是一個不會向生活妥協的人，而我們公司需要的正是這樣的人。專業知識可以學習，但永不言敗的性格卻不是人人都具有的。妳的勇氣和信念已經遠遠超出了求職本身。」

任何事情都不簡單，如果一遇到困難和失敗就認輸撤退了，那麼哪裡才有成功的希望呢？

本田創業的過程，可說嘗夠了失敗的滋味，一次次打擊接踵而來，換了別人，可能早被擊垮了，但本田卻從來沒有灰心喪氣過。

在「好夢號」摩托車誕生之前，本田公司投入新機械的資金已達4.5億日元。一家從家庭式工廠起步的公司如此大膽，至今想起來讓人不寒而慄。新機械大量地購入了，占了許多資金，但公司卻業務不振，連薪水都發不出，實在狼狽不堪。本田深感肩上擔子的沉重，

只有不怕苦，不怕累，不妥協，不服輸，不放棄，想一切辦法完成任務的人才能開拓出一條輝煌的事業之路。條件再困難，可以創造條件；希望再渺茫，也能找出許多方法去解決。

他表情嚴峻，把希望寄託在自己研製的「好夢號」摩托車上。試車那天，「好夢號」終於上山了，本田和同事抱在一起又哭又叫。「好夢號」成功了！這是本田公司的第一輛真正的摩托車，由本田和河島設計。新車設計出來了，但銷路不暢，工人大部分時間無所事事，令本田大為悲憤。但他不是那種能被困難嚇倒的人，他戰勝悲憤的方法，就是參加在代代木公園舉行的摩托車賽，以此來宣傳自己的產品。

本田將摩托車開得狂馳如飛，遙遙領先，可是在轉彎時卻被樹木絆倒，人被摔出十多米遠。當人們把他送往醫院時，他卻狂呼道：「放下我！我要比賽到底！」

這樣險象環生的車禍至少發生過4—5次，但本田從來沒有被嚇倒過。

1954年，本田公司費了九牛二虎之力，使自己的摩托車得以參加國際比賽，結果被淘汰出局。本田又用行動戰勝了慘敗帶來的恐懼。7年以後，本田摩托車終於在羅馬大獲全勝，囊括了大賽的前5名。本田摩托車在一夜之間名聲大噪，訂貨單源源而來，不到5年，外銷金額突破了一億日元大關。

本田成了媒體宣傳的英雄。但他自己卻說，他只不過是一個普通人，那種失敗的滋味兒並不好受。失敗對於每一個人來說都不好受，唯一的區別就是本田即是失敗了也有一股不服輸的勁頭，繼續努力。

只有不怕苦，不怕累，不妥協，不服輸，不放棄，想一切辦法完成任務的人才能開拓出一條輝煌的事業之路。條件再困難，可以創造條件；希望再渺茫，也能找出許多方法去解決。

有個記者訪問一位優秀企業家：「為什麼您在事業上經歷了如此多的艱難和阻力，卻從不放棄呢？」

那位企業家答道：「你觀察過一個正在鑿石的石匠嗎？他在石塊的同一位置上恐怕已敲過了一百次，卻毫無動靜。但是就在那第一百零一次的時候，石頭突然裂成兩塊。並不是這第一百零一下使石頭裂開，而是先前敲的那一百下。」

拿破崙・希爾發現，他訪問過的成功人士都有個共同的特徵，在他們成功之前，都遭遇過非常大的險阻。表面上看來，事情是應該罷手了，放棄算了，殊不知此時僅僅差一步就能到達終點了。

水燒到99度的時候可能還沒有沸騰，這時候如果你絕望了，不願意再等待了，那麼就很容易在幾秒鐘的差距裡與成功擦肩而過。在絕望的時候，一定要學會多點耐心，再等待一下，再努力一下。

希拉斯・菲爾德先生想在大西洋的海底鋪設一條連接歐洲和美國的電纜。隨後，他就開始全心地推動這項事業。前期基礎性的工作包括建造一條1000英里長、從紐約到紐芬蘭聖約翰的電報線路。紐芬蘭400英里長的電報線路要從人跡罕至的森林中穿過，所以，要完成這項工作不僅

包括建一條電報線路，還包括建同樣長的一條公路。此外，還包括穿越佈雷頓角全島共440英里長的線路，再加上鋪設跨越聖勞倫斯海峽的電纜，整個工程十分浩大。

菲爾德使盡渾身解數，總算從英國政府那裡得到了資助。然而，他的方案在議會上遭到了強烈的反對，在上院僅以一票多數通過。隨後，菲爾德的鋪設工作就開始了。電纜一頭擱在停泊於塞巴斯托波爾港的英國旗艦「阿伽門農」號上，另一頭放在美國海軍新造的豪華護衛艦「尼亞加拉」號上，不過，就在電纜鋪設到5英里的時候，它突然被捲到了機器裡面，斷了。

菲爾德不甘心，進行了第二次試驗。在這次試驗中，鋪到200英里長的時候，電流突然中斷了，船上的人們在甲板上焦急地踱來踱去，好像死神就要降臨一樣。就在菲爾德先生即將命令割斷電纜、放棄這次試驗時，電流突然又神奇地出現，一如它神奇地消失一樣。夜間，船以每小時4英里的速度緩緩航行，電纜的鋪設也以每小時4英里的速度進行。這時，輪船突然發生了一次嚴重傾斜，制動器緊急制動，不巧又割斷了電纜。

但菲爾德相信事情一定會有轉機。他又訂購了700英里的電纜，而且聘請了一個專家，請他設計一台更好的機器，以完成這麼長的鋪設任務。後來，英美兩國的發明天才聯手才把機器趕製出來。最終，兩艘軍艦在大西洋上會合了，電纜也接上了頭。

隨後，兩艘船繼續航行，一艘駛向愛爾蘭，另一艘駛向紐芬蘭，結果它們都把電線用完了。兩船分開不到3英里，電纜又斷開了；再次接上後，兩船繼續航行，到了相隔8英里的時候，電流又沒有了。電纜第三次接上後，鋪了200英里，在距離「阿伽門農」號20英尺處又斷開了，兩艘船最後不得不返回愛爾蘭海岸。

參與此事的很多人都洩了氣，公眾輿論也對此流露出懷疑的態度，投資者也對這一專案沒有了信心，不願再投資。這時候，如果不是菲爾德先生堅持，這一項目很可能就此放棄了。菲爾德為此日夜操勞，甚至到了廢寢忘食的地步，他絕不甘心失敗。

於是，又一次嘗試開始了，這次總算一切順利，全部電纜鋪設完畢，而沒有任何中斷，幾則新聞、消息也透過這條漫長的海底電纜發送了出去，一切似乎就要大功告成了，但突然電流又中斷了。

這時候，除了菲爾德和他的一兩個朋友外，幾乎沒有人不感到絕望。但菲爾德仍然堅持不懈地努力，他又找到了投資人，開始了新的一次嘗試。他們買來了品質更好的電纜，這次執行鋪設任務的是「大東方」號，它緩緩駛向大洋，一路把電纜鋪設下去。一切都很順利，但最後在鋪設橫跨紐芬蘭60英里電纜線路時，電纜突然又折斷了，掉入了海底。他們打撈了幾次，但都沒有成功。於是，這項工作就耽擱了下來，而且一擱就是一年。

好一個菲爾德，這一切困難都沒有嚇倒他。他又組建了一個新的公司，繼續從事這項工作，而且製造出了一種性能遠優於普通電纜的新型電纜。

1866年7月13日，新一次試驗開始了，並順利接通，發出了第一份橫跨大西洋的電報！電報內容是：「7月27日。我們晚上9點到達目的地，一切順利，感謝上帝！電纜都鋪好了，運行完全正常。希拉斯．菲爾德。」不久以後，原先那條落入海底的電纜被打撈上來了，重新接上，一直連到紐芬蘭。

人生從來就沒有真正的絕境，不服輸的人才有希望。如果你始終在絕望的邊緣徘徊，請別放棄，再為自己加一加油，也許就是這最後的臨門一腳為你創造了奇蹟。

27 一個人的成就不會超過他的信念

噴泉的高度不會超過它的源頭，一個人的成就不會超過他的信念。有信心的人，可以化渺小為偉大，化平庸為神奇。相反，你若認為連最簡單的事也無能為力，那小山五對你而言，也會變成不可攀登的高山。

西點人重視榮譽，渴望透過勝利來獲得榮譽，正是這樣的信念支持著西點人追求勝利的腳步。

西點人的偶像拿破崙指著地圖上一條小路問：「如果通過這條路直接穿過去有沒有可能」時，那些探尋過的工程師們吞吞吐吐地回答：「可能行的……還是存在一定可能性的。」

「那就前進吧。」身材不高的拿破崙堅定地說，絲毫沒有因為工程師的弦外之音而動搖。誰都知道穿過那條道路的難度有多大，在此之前還沒有人能夠征服這座天然的屏障。

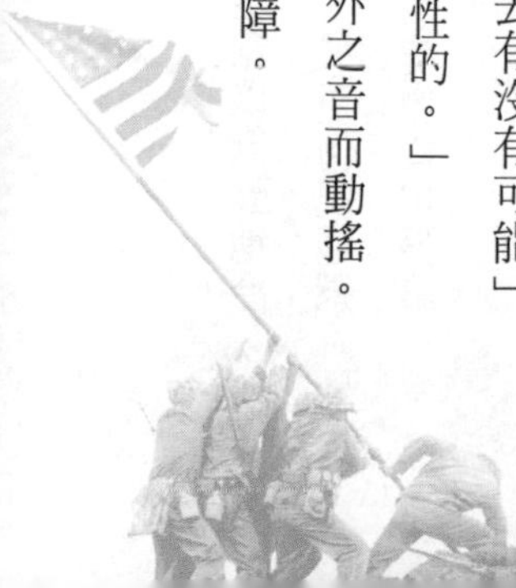

當英國人和奧地利人聽到拿破崙想要跨過阿爾卑斯山的消息時，都輕蔑地報以無聲地冷笑：「那是一個從未有過任何車輪碾過，也從未有過車輪能夠從那裡碾過的地方。更何況他還率領著7萬人的軍隊，拉著笨重的大炮，帶著成噸的炮彈和裝備，還有大量的戰備物資和彈藥呢？」

然而就當被困的馬塞納將軍在熱那亞陷於疾困交加的境地時，拿破崙的軍隊猶如天兵一樣出現了。一向認為勝利在望的奧地利人不禁目瞪口呆，軍心大亂，他們幾乎不敢相信，眼前這個不到1米6的小個子竟然征服了高不可攀的山峰。

你的成就大小，往往不會超出你自信心的大小。

在大學課堂上，教授問同學們：「有誰知道世界第一高峰？對於如此小兒科的問題大家當然不屑一答，僅用最低的分貝附和：珠穆朗瑪峰。誰知教授緊接著追問：「世界第二高峰呢？」這下，大家回答不上來了。教授教授轉過了身，在黑板上寫下了：屈居第二與默默無聞毫無區別！

教授曾在12年前做過一項試驗，他要求他的學生毫無順序地進入了一個寬敞的大禮堂並自由找座位坐下。反覆幾次後，教授發現有的學生總愛坐前排，有的學生則盲目隨意，四處都坐，還有一些學生似乎特別鍾情於後面的位置，教授仔細記下他們的名字。

等到*10*年之後，教授對他們的調查結果顯示：愛坐前排的學生成功的比例比其他學生高出好多倍。

教授認為，「不是說一定要站在最前、永遠第一，而是說這種積極向上的心態十分重要。在漫長的人生中，只有永爭第一，積極坐在前排的人才更容易出類拔萃。」

在電視劇《大長今》裡，無論是做御膳房的尚宮還是做醫女，長今都把自己做到了最好。在現實生活中的「長今」李英愛也是一樣努力把自己做到最好，與她共事*7*年的經紀人李周烈說：「她總是努力把事情做到最好，無論多麼小的事。」

《大長今》的導演李丙勳也對她的這種精神印象非常深刻。他回憶說，有一次出外景，在零下幾度的氣溫裡，為了要進入表演情境，李英愛特地提早一兩個小時到現場，裹著大披肩在旁邊練臺詞、看他人演出。剛開拍《大長今》的時候，有一幕需要女主角表現悲傷的

> 你的成就大小，往往不會超出你自信心的大小。
>
> 一個人只有敢於設定更高的目標，才有可能完成自己的使命。

心情，李英愛全心投入自己的角色，『她不到10秒就掉下了眼淚』。讓旁邊的工作人員都對她的精湛演技大感佩服。「不過李英愛也很固執，不演她不能認可的角色。」

每一個中國人，或多或少都會受到傳統觀點的影響，把淡泊名利當成一種美德，甚至覺得追求功名利祿就是庸俗。這種觀點也許會讓那些已經或者已經是腰纏萬貫的人竊笑不已。對於這點，我們一定要提前醒悟，不要還傻乎乎的蹲在那裡像阿Q一樣施行精神勝利法窮開心。

一個牧師曾講過這麼一個故事：

約翰死後來到了天堂，天使帶他來到了一個小房間，並告訴他這是他生前所獲得的東西，但是卻要求他不要打開另外三個寬敞明亮的大房間。經過他的多次追問，天使才告訴他：「另外三個房間裡裝滿了無盡的財富，那原本是屬於你的，但遺憾的是你沒有去爭取。我怕你看了那些財富再對比現在這個簡陋的房間會很難過，所以不讓你打開。」

講完之後，牧師意味深長的說：近代西方突飛猛進的財富增長，與他們這種積極進取的精神是分不開的。

只有心裡有那種信念，才會有努力的方向。在某些方面太過於無欲無求並非是好事情。有兩個老鄰居很多年之後見面了，他們的感情還是那麼的好，唯一的區別就是，一個成了富人，一個依然還是窮人。成了窮人。

窮人對富人說：「這麼多年了，你還是那麼忙，看來你們富人也真不容易，什麼都有了，還那麼拚命。」

富人說：「人只要活著，就很難說什麼都有了。你覺得現在你最缺什麼？」

窮人回答：「當然是缺錢了。人人都說人窮志短，可是人窮又怎麼能不志短呢？想傲，也得有實力啊，人家一個巴掌打過來你就滾出了五米之外，也再傲也沒用。對於等米下鍋的人來說，還有什麼志氣可言呢？人窮就必然受限制，迫於生機，很多時候只能妥協只能低頭，這就必然要放下很多東西。」

富人說：「你錯了，你說的只是客觀因素，這些限制的確是沒法改變的。但是你也不曾改變過你能改變的主管因素。比如，安貧樂道，既然都安以現狀了你又怎麼會有動力去改變貧窮的命運呢？」

窮人有些不服：「難道這也錯了嗎？人們不是常常說要知足常樂嗎？」

富人告訴他：「我個人認為，需要知足的是富人，說得誇張一點，它只適合富人，不適合窮人。這些告誡對於富人而言是有利的，如果你拿這些話來告誡窮人那就大錯特錯了。」

很多原本很有志向的窮人就是因為太懂得知足了，才會把貧窮當成一件習以為常的事情，才會在貧窮中慢慢消磨了鬥志。從本質上來說，安於貧窮也是一種自我麻醉。窮對每一個人來說，無疑都是一種人生逆境，但如果一味逃避，逆境就是絕境！

也許，絕大部分人都認為窮人最缺少是金錢，因為有了錢之後窮人就不再是窮人了。也有人會認為窮人最缺的是機會，因為沒有機會所以注定受窮。或者還會有人認為窮人最缺少的是技能，一無所長，無法迅速致富，當然只能做窮人。但實際上，最根本的一點還是：窮人缺少成為富人的那個信念，缺少富人的對於成功的願意和渴望。這才是很多窮人無可救藥的缺點。

一位心理學教授讓其最得意的兩位學生做實驗。他把兩人找來，給每人5隻白老鼠，然後說，他想要看他們能在一個月之內教會老鼠做什麼事。

教授對其中一名學生說：「你很幸運，因為你的老鼠是由傑出的基因培養出來的。一個月之後，我希望你能教會牠們任何狗都學得會的東西——坐下、翻身、裝死等。」

教授對另一名學生說：他分到的是5隻普通的老鼠，要想教會牠們什麼，只是白費心機而已。一個月之後，兩名學生帶著他們的白老鼠回來。第一位學生為他的成果感到很興奮，他教出的老鼠簡直就像訓練有素的馬戲團成員，坐下、翻身、裝死等把戲都很拿手，一個口令一個動作。而第二名學生則對教授說：「您說得對，我分到的老鼠真是笨老鼠，成天縮在角落裡，給牠們食物也不敢過來吃，我教不會牠們做任何事。」

這名教授笑著對兩位學生說道：「這一切只不過是一個實驗而已。10隻老鼠本質上其實都是一樣的，唯一的差別只在於你們，一個注意力放在怎樣才能教會牠們上，而另一個注意力則放在怎樣不能教會牠們上。」

對於一個人來說，成功的信念最重要。如果有堅強的自信，往往能使平凡的男女做出驚人的事業來。膽怯和意志不堅定的人即使有出眾的才幹、優良的天賦、高尚的品格，也終難成就偉大的事業。

伯特・郭恩達當上了可口可樂的*CEO*後告訴員工：「我們的競爭對象不是百事可樂，我們需要做的是在那塊市場上提高占有率，要占掉市場剩餘的水、茶、咖啡、牛奶及果汁等。當大家想要喝一點什麼時，就應該去找可口可樂。可口可樂要將市場占有率納入到世界液體飲料市場上來。」為此，可口可樂採取了一些新的競爭戰略，如在每個街頭擺上販賣機，結果銷售量節節上升，再次將百事可樂遠遠拋在了後面。

一位武術高手參加比賽，自負地認為一定可以奪冠軍。當打到了中途，武術高手警覺到，自己竟然找不到對手的破綻，而對方的攻擊卻往往能突破自己的漏洞。

比賽結果可想而知，武術高手失去了冠軍獎盃。他忿忿不平地回去找師父，央求師父幫他找出對方的破綻，好在下次比賽時打倒對方。師父卻笑而不語，只是在地上畫了一條線，要他在不擦掉這條線的情況下，設法讓線變短。他百思不得其解，最後還是請教了師父。

師父笑著在原先那條線旁又畫了一道更長的線。兩相比較之下，原來那條線，看起來短了很多。這時師父說道：「奪得冠軍的重點，不在於如何攻擊對方的弱點，正如地上的線一樣，

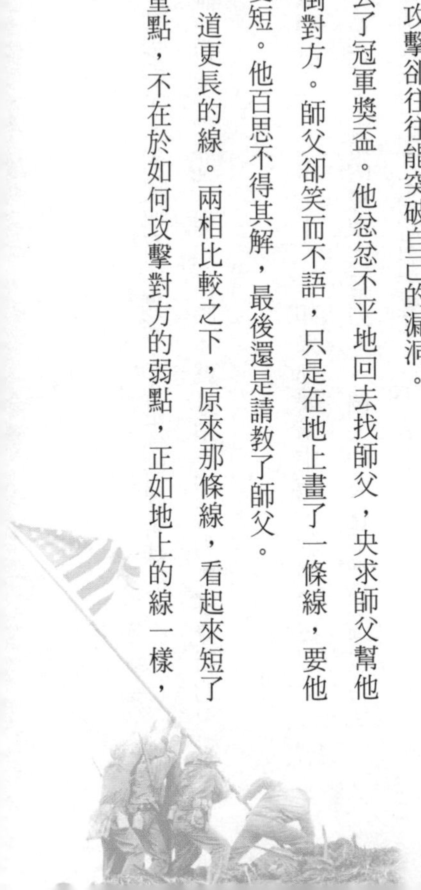

只要你自己變得更強，對方也就在無形中變弱了。如何使自己更強，才是你需要苦練的。」

「人外有人，山外有山」，沒有誰可以成為最強，要想常勝，就必須不斷努力，攀登新的高峰。

子曰：「欲得其中，必求其上；欲得其上，必求上上。」如果你要求中游，就必須按照上游的要求去做；如果要求上游，就必須要用上上游的標準去努力。一個人的成就不會超過他的信念，把成功的標準定高一點，用高標準要求自己，才能出類拔萃。

我們應該把目標定得高一點，雖然最終可能達不到高的目標，但也能達到比這個目標低一點的目標。比如，你的目標是一百分，並且你能按照一百分的標準去努力，那麼，最終就算得不到滿分，至少也能得個八、九十分吧。

那些成功的政治家、企業家、藝術家、傑出的科學家、創造紀錄的運動員……都有一種一般人所沒有的成就動機，求上、求優、求高，高標準地要求自己，並且付出了常人難以想像的努力，使自己一步一步向目標前進。

「欲得其上，必求上上」是一種高瞻遠矚、積極進取的心態，是一種永不停頓的滿足。具有積極心態的人能承受住各種挫折和困難的考驗，不灰心，不動搖，迎著困難上，並笑對困難。「霜凍知柳脆，雪寒覺松貞」，中庸、調和從來就不是他們的人生信條。

一個人只有敢於設定更高的目標，才有可能完成自己的使命。戴爾·卡耐基說：「世界上最重要的事，不在於我們身在何處，而在於我們朝著什麼方向走。」

置身職場，我們更應該培養「欲得其上，必求上上」的心態，以更高的目標要求自己，不要只是朝著阻力最小的方向行事，只會「和老鼠比較」，那樣只會使你成為大多數的普通人，而不是第一流的人物。不論從事什麼職業，你都要明白：使你成功或失敗的不是某種職業，而是你對自己以及職業的態度。只有向更高更遠的目標看齊，只有追求卓越，你才能優秀。

28 百分之百的成功等於百分之百的意願

西點軍校有一條走廊，牆上掛得全是像艾森豪一樣傑出將領的事蹟及畫像。他們的口號是和偉人同行。藉由這種方式來激勵學員的榮譽感和成功意識。

拿破崙說過，不想當將軍的士兵不是好士兵。成功的關鍵字眼便是「只要你願意」五個字。

要成功，你必須要有強烈的成功的欲望，就像一個溺水的人有強烈的求生欲望，一個優秀的足球前鋒最可貴的素質就是強烈的射門意識一樣。

美國著名的田徑選手卡爾・路易斯在1984年洛杉磯奧運會開幕前就向新聞媒體透露，他立志要奪得4枚金牌並打破歐文斯數年前創造的「神話」。結果，他最終如願以償。

所以，獲得一個良好的心理狀態，尋求心理上的動力，很重要的一點就是要始終保持一個成功者的心態，設定自己是個成功的人物，這樣，你就會發揮出極大的熱情和自信去面對前進道路上遇到的種種艱難險阻。雖然你還未成功，但這種自我造就的心理成就感會促使你朝著成功的目標邁進。

幾年以前，一個世界探險隊準備攀登馬特峰的北峰，在此之前從來沒有人到達過那裡。記者對這些來自世界各地的探險者進行了採訪。

一位記者問其中的一名探險者：「你打算登上馬特峰的北峰嗎？」他回答說：「我將盡力而為。」

記者問另一名探險者：「你打算登上馬特峰的北峰嗎？」這名探險者答道：「我會全力以赴。」

記者問了第三個探險者同樣的問題。他說：「我將竭盡全力。」

最後，記者問一位美國年輕人：「你打算登上馬特峰的北峰嗎？」這個美國年輕人直視著記者說：「我將要登

> 成功的秘訣就是：當你渴望成功的欲望，就像你需要空氣的願望那樣強烈的時候，你就會成功。誰擁有了自信，誰就成功了一半。對於成功者來說，他們不是想要成功，而是一定要成功。

上馬特峰的北峰。」

結果，最後只有一個人登上了北峰，就是那個說「我將要」的美國年輕人。他想像自己到達了北峰，結果他的確做到了。

成功的秘訣就是：當你渴望成功的欲望，就像你需要空氣的願望那樣強烈的時候，你就會成功。誰擁有了自信，誰就成功了一半。對於成功者來說，他們不是想要成功，而是一定要成功。

成功的第一個秘訣就是要下定決心。當一個人決定一定要怎樣的時候，他的潛能才可以真正被激發出來。

1492 年 *2* 月，當他失望地離開了愛爾罕布拉宮，當他爭取西班牙國王斐迪南和王后伊薩帆拉支持的努力失敗後，他騎著騾子，緩緩地出了宮門，考慮應該往哪裡去。他此時此刻看上去頭髮花白，精神也十分萎靡，腦袋耷拉著，幾乎碰到了騾子的背上。

他從幼年開始就抱著一個念頭，認為地球是個球體。當時，人們在葡萄牙海濱發現了兩具屍體，從人體特徵上判斷，他們和歐洲大陸的人種都不一樣。哥倫布相信，這些屍體就是從遙遠的西部一些還不為歐洲人所知的島嶼上漂流過來的。他曾經指望葡萄牙國王能夠資助他進行海上航行，以便發現那些遙遠的島嶼。然而，葡萄牙國王約翰二世一方面假惺惺答應幫助他，另一方面卻暗地裡派出了自己的考察隊。哥倫布失望透頂。

在經歷了這次失敗之後，哥倫布四處乞討，靠給別人畫各種圖表為生。他的妻子離他而去，他的朋友也都把他當成瘋子，對他不聞不問。斐迪南和伊薩帆拉夫婦身邊的智囊人物，也對他所謂的往西航行就可以到達東方的理論嗤之以鼻。只有哥倫布對自己的信念堅定不移，堅持不懈。

「可是，既然太陽、月亮都是圓的，為什麼地球不能是圓的？」哥倫布問道。

「如果地球是球體，靠什麼支撐它？」那些智囊問。

「那太陽、月亮又是靠什麼來支撐的呢？」哥倫布反問道。

「如果一個人頭朝上，腳朝下，就像天花板上的蒼蠅一樣，你覺得這可能嗎？」一位博士繼續問哥倫布，「樹根如果生在上邊，它可能生長嗎？」

「如果地球是圓的，那麼池塘裡的水也都會流出來，我們也就站不起來了。」另一位哲學家補充道。

「這也不符合《聖經》上的說法。《以賽亞書》上說：『蒼穹鋪張如幔』，這說明地球顯然是平直的，說它是圓的，那是異端。」牧師也開始攻擊哥倫布。

哥倫布對他們不再抱任何希望，但是他並沒有放棄，就在他轉念想去為查理七世效力的時候，突然出現了轉機。伊薩帆拉的一個朋友對她建議說，萬一哥倫布的說法是對的，那麼，只要一筆很小的花費，就可以大大地抬高她統治的聲望。伊薩帆拉覺得很對，於是她同意把她的珠寶作為抵押，用做哥倫布的航行經費。

就這樣，哥倫布轉過了身子，同時世界也轉了個身。可是，他的航行還有別的問題，沒有一個水手願意和他一起出海，幸好國王和王后用強制手段下了命令，讓他們必須去。就這樣，一次偉大的航行開始了，他們乘坐「平塔號」帆船出了海。但是旅途中卻是充滿了艱難險阻。他們的船很小，比平常的帆船大不了多少，剛剛起程三天，船舵就斷了。水手們內心都有一種不祥之兆，一時情緒非常低落。哥倫布就向他們描述了一番他所知的印度的景象，描述了一番那兒遍地的金銀珠寶，好不容易才讓水手們的情緒穩定下來。

船駛過加那利群島以西200英里後，他們的磁針不再是朝著北極星的方向了。水手們說什麼也不肯再往前走，一場叛亂幾乎迫在眉睫。這時候哥倫布又向他們解釋，說北極星實際並不在正北方，最後總算說服了他們。當船航行到距離出發地2300英里遠（哥倫布故意騙他們說只有1700英里遠）的時候，他們發現了有櫻桃木在水面上漂流，船周圍時常有一些陸上的鳥類飛過，還從水裡打撈起了一塊很奇怪的雕有圖案的木片。就這樣他們找到了新大陸，在12月12日這天，哥倫布把西班牙王國的旗幟插在了新大陸上。

無論黑夜多麼漫長，朝陽總會冉冉升起；無論風雪怎樣肆虐，春風終會緩緩吹拂。當挫折接連不斷，當失敗如影隨形，當命運之門一扇接一扇地關閉，永遠也不要懷疑：總有一扇窗會為你打開。這種信念是我們堅持下去的動力，也是我們成功的必備條件。

2002年，年僅31歲的衛哲出任世界500強企業、歐洲排名第一的零售業巨頭——英國翠豐集團百安居的中國公司總裁，2004年由衛哲領導的百安居將另一家世界500強歐倍德兼併旗下，成為中國建材零售業的「巨無霸」。這一驚動業界的並購事件，也將百安居中國區的年輕總裁——衛哲推到幕前。

衛哲剛走出大學校門時的第一份工作是翻譯兼秘書，從小秘到高管，衛哲一直在金領的快車道領跑，每一步職務提升都比一般人要快得多。24歲擔任萬國證券資產管理總部副總經理；27歲赴英國倫敦，擔當普華永道會計財務諮詢公司收購及兼併部高級經理；28歲擔任東方證券投資銀行總部董事總經理，成為中國七大證券公司中最年輕的投行總經理；32歲擔任百安居中國區總裁，成為世界500強企業最年輕的中國總裁。

從普通職員、主管、部門經理、總監、副總裁到總裁，衛哲幾乎走完了許多人畢生都無法企及的臺階。但是衛哲並沒有乘坐「直升機」，他坦言腳踏實地、一步一個腳印是唯一要義。「沒有捷徑、沒有秘笈，我能做的是在自己選擇的道路上辛苦地走，看自己每天是不是能付出的比別人更多。剛開始，我每天工作的時間是14到15個小時，現在大概是每天10小時。但是，走的方法有技巧，是走和跑相結合還是怎麼樣，將決定一個人在不同階段上花費時間的不

同。」

衛哲回憶第一份工作時說：當時老闆不讓我幹什麼，只是翻譯個年報，剪剪報紙。但你要看那麼多剪報，老闆哪幾篇是看過的，你就要往這個方向引導，到後來就是他不看我的剪報中午就吃不下飯。

秘書的工作很煩瑣，但是衛哲卻做得與眾不同，比如文件的傳閱，一般的秘書會按照時間先後順序，放在老闆的桌子上；衛哲的做法不一樣，他會按照自己理解的重要性來排序，並且找出文件之間的關聯性，把內容有關聯的文件放在一起。

「不這麼做，並沒有人認為不對，但是如果能為老闆的工作提高效率，那就是你份內的事，」衛哲說，「更重要的是，如果你能以老闆的視角，而不是秘書的視角來看那些文件，你也就學到了一些管理者的經驗。」

100%的成功等於*100*%的意願，衛哲這種自動自發的學習精神與他想獲得成功的意願是分不開的。普通人忽視的事情，如果當事人能從潛意識裡去重視，相信自己可以從中汲取到力量，那麼這種信念就能引導他走向成功。

29 絕不輕言放棄

西點著名校友國際銀行主席歐姆斯特德說過：「以頑強的毅力和百折不撓的奮鬥精神去迎接生活中的各種挑戰，你才能免遭淘汰。」

西點的錄用標準是極其苛刻的，其淘汰機制更加嚴格。毫不誇張地說，考入西點與考入美國的一流大學一樣難。在1999年美國公佈的全國大學錄取率統計中，西點軍校的錄取率為11%，與哈佛大學、耶魯大學、哥倫比亞大學等常春藤高校一起，被列為美國最難考的大學。

儘管西點軍校接受議員的推薦名單，但議員的推薦名額也有明確的法律規定：每個州10個名額，由2名參議員從該州各推薦5名；每個國會選區5個名額，由該選區選出的眾議員從該選區推薦；副總統可從全國範圍內挑選5人。如果不超出招生名額，總統可從連續服役8年以上軍人的子女中挑選30人。軍種部長可從該軍種士兵中挑選30人。

對這些優秀分子，西點軍校也有指標清晰的淘汰規定：四個學年結束時總淘汰率要保持在25%左右，其中第一年就必須淘汰10%的學員。全程淘汰制度保證了能夠通過四年學業的人，基本上都是能夠在艱苦條件下承擔重任絕不輕言放棄的人。

因此，每一個真正的西點人，都是長跑中的勝利者。西點的學校生活就是戰爭生活，訓練場就是戰場，訓練中體現了戰場上的嚴格與殘酷。西點學員要經歷大量的痛苦和折磨；要與阻礙、困苦作大量的奮鬥。在他們的詞典裡，沒有「放棄」這一個詞。

走進西點大門的學員，很快就知道什麼叫堅韌了。堅韌就是必須達到訓練要求，沒有任何通融。因為軍事活動是真刀真槍的活動，拿生命與困難拚搏的時候，誰降低標準，誰就會失敗，甚至死亡。同時，軍事活動是充滿困難的領域，不確定因素很多，比如地形複雜、氣候惡劣、對手強大、部隊不精、裝備較差，它們時刻考驗著指揮官，沒有堅強的意志力就頂不住，就可能垮下來。因此，西點不管外界怎樣批評，在設置訓練的難度和強度上不減分毫。他們提出，在這些困難面前，格蘭特過去了，潘興過去了，麥克阿瑟過去了，布萊德雷過去了……你們也要過去。

一天早上，一位將軍受命在天黑之前拿下一個高地。於是他率領部隊向高地發起了進攻，無數次的衝鋒，都被敵人一一擊退了。最後一次衝鋒，他所有的戰友都犧牲了，他自己也在戰壕前幾米處，被一枚地雷炸斷了一條腿，而對方的軍旗，仍在山頂上飄揚，於是他絕望地朝自己開了槍。過了半小時，增援部隊來了。當他們衝上山頂時，發現對方的官兵已全部戰死，只剩下一個奄奄一息的伙夫，正絕望地抱著自己的軍旗……

很顯然這位將軍是被自己打敗的。別人無法把你真正打敗，只有你自己才是你走向勝利的最大敵人。選擇一種戰勝自己的姿態，是每一個渴望成功的人必須完成的功課。

其實，競爭有時就是意志的較量，咬牙挺住了，勝利就很可能屬於你。一切貴在有恆，只要堅持，再弱小的力量也能創造出意想不到的效果。永不言敗是一種不達目的誓不甘休的勇氣，更是一種智慧，一種堅持到底、開拓進取的動力源泉。

第二次世界大戰後，功成身退的英國首相邱吉爾應邀在劍橋大學畢業典禮上發表演講。經過邀請方一番隆重但稍顯冗長的客套之後，邱吉爾走上講臺。只見他兩手抓住講臺，注視著觀眾，大約在沉默了兩分鐘後，他開口說：「永遠，永遠，永遠不要放棄！」接著又是

「成大事不在於力量的大小，而在於堅持多久。」不到最後，絕不放棄，這需要滿懷激情，對自己的事業充滿信心。對工作負責就是對自己負責。只有堅持到底、絕不言棄的人才會成功。

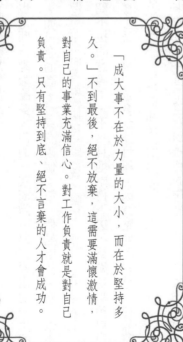

長長的沉默，然後他又一次強調：「永遠，永遠，不要放棄！」最後，他在再度注視觀眾片刻後回座。場下的人這才明白過來，緊接著便是雷鳴般的掌聲。

這場演講是演講史上的經典之作，也是邱吉爾最膾炙人口的一次演講。邱吉爾用他一生的成功經驗告訴人們：成功根本沒有秘訣，如果有的話，也只有兩個：第一個是堅持到底，永不放棄；第二個就是當你想放棄的時候，回過頭來照著第一個秘訣去做，堅持到底，永不放棄。

歌德也曾用激勵的語言這樣描述堅韌不拔的意義：「不苟且地堅持下去，嚴厲地驅策自己繼續下去，就是我們當中最渺小的人這樣去做，也一定會到達目標。因為堅韌不拔是一種無聲的力量，這種力量會隨著時間而增長，是任何失敗和挫折都無法阻擋的。」

職場不相信眼淚，只有勇敢地挺過來的人，才有希望看到勝利的曙光。任何事情都是開頭容易完成難，所以要評判一個人業績是否優良，不能看他所做事情的多少，而要看他最終完成的有多少。例如，在賽跑中，裁判並不計算選手起跑時如何快，而是計算他從起點到終點需要多少時間。

富蘭克林說：「有耐心的人，無往而不利。」只有堅持到底、絕不言棄的員工才能取得成功；只有不到最後、絕不放棄的企業才能贏得每一次商機。

日本豐田汽車公司是當今世界汽車工業三大巨頭之一，取得這樣的成績，一個重要原因就是堅持。

20世紀20年代，豐田喜一郎選擇了汽車製造業。他到美國學習以後，回到日本名古屋試製，但他失敗了。豐田喜一郎決定堅持下去。

他分析了失敗的原因。當時落後的工業無法製造引擎，為了突破這一難關，他開始自行設計引擎，並製造出來。有了引擎，他開始製造汽車。從1933年開始到1936年，他造出了第一輛卡車和第一輛公共汽車。投放市場以後，因油耗高、噪音大、速度慢而反應不佳。

面對又一次的失敗，豐田喜一郎決定堅持下去。

日本對外侵略戰爭開始以後，軍隊需要大量軍用卡車，這為豐田喜一郎提供了機會，他開始生產軍用卡車。1938年，美國年產350萬輛汽車，日本只能生產幾千輛。1945年日本無條件投降，戰爭結束，豐田喜一郎只好停止生產軍用卡車，當時日本經濟不景氣，一般民用汽車很難賣出去，豐田瀕臨破產。

面對這一次挫折，豐田喜一郎還是決定堅持下去。直到1950年，朝鮮戰爭爆發，美國向日本購買卡車，豐田喜一郎才迎來了又一次機遇。20世紀60年代，豐田開始試著進入美國市場。但剛一進入，就遭到慘敗。皇冠轎車馬力不足，根本無法在美國的高速公路上行駛。是否就此止步？是否就此放棄整個計畫？豐田決定堅持。豐田說，即使只有公司名稱在美國登記也好，哪怕只賣出50輛或100輛也行。

這一堅持就是7年。豐田公司花了7年時間才推出第一輛在美國銷售成功的汽車。現在，豐田已經走過了80多年的歷程。在這漫長的歲月中，在任何一次需要堅持的時候，如果放棄了，世界汽車工業的三大巨頭之一就會與豐田無緣了。

正如俄國作家車爾尼雪夫斯基所說的：「只有毅力才能使我們成功……而毅力的來源又在於毫不動搖，堅決採取為達到成功所需要的手段。」

豐田公司成功的秘訣無非是堅持、堅持、再堅持。這道理很簡單，但缺乏毅力的人知道卻做不到，而成功與否往往就由這一點決定。

一家著名企業招聘推銷員時，公司人事經理只粗略地看了一下應聘人員的自薦材料，便推說「電梯壞了」，於是帶著幾十個應聘者從1樓往位於32樓的辦公室爬去。結果大多數人不是待在一樓等電梯修好，就是走了一半就放棄了。望著堅持到最後的幾位應聘者，人事經理當場宣布：你們被聘用了——其他人則全部被淘汰。

以爬樓梯來考核一個員工是否具有堅持不懈的精神，再合適不過了。一個連幾層樓都不願爬的人，是成不了優秀的推銷員的。

推銷員、業務員是最容易受挫、最容易遭拒絕的工作，也是最容易讓人厭倦的工作。許多推銷員忙忙碌碌，並沒有獲得成功，他們大多都敗在自己手中，敗在遇到挫折時放棄自己的追求，敗在缺乏堅持不懈的精神。

美國銷售員協會的一項調查研究指出，不能堅持是銷售失敗的主要原因。請看以下的統計數字：

有48％的推銷員找過一個客戶之後就不幹了。

有25％的推銷員找過兩個客戶之後不幹了。

有15％的推銷員找過三個客戶之後不幹了。

12％的推銷員找過三個人之後，繼續幹下去，而80％的生意恰恰就是這些推銷員做成的。

堅持不懈地付出努力，是優秀推銷員取得良好業績的不二法門。而另一項調查顯示，「只制訂目標而不執行」是98％的人不成功的主要原因。

（1）17％的人一生之中對目標只抱著願望而已，這些願望就像一陣風一樣，沒有辦法成就任何事情；

（2）21％的人將他們的願望轉變成欲望，他們一再地想得到喜歡的東西，但欲望也僅此而已。

（3）大約8％的人把願望和欲望變成希望，但他們害怕想像他們的美夢成為現實的情形。

（4）極少數的人把希望轉變成確信，他們期待真的得到所想要的東西，這些人只占

6%。

（5）4%的人將他們的願望、欲望和希望轉變成確信之後又再進一步將確信轉變成強烈的欲望，最後轉變成一種信心。

（6）只有2%的人除了採取最後兩個步驟之外，還制定達到目標的計畫，他們以積極心態去執行他們的計畫。

一個人想幹成任何事，都要有恆心和毅力，只有堅持不懈才能取得成功。一個人做一點事不難，難的是能夠持之以恆地做下去，直到最後成功。

30 必勝的信念

西點人崇尚第一，要求每個人都努力爭取第一。戰場上除了勝利就是失敗，沒有平局可言。西點不需要弱者，唯有勝利能證明一切。因此，每個人都要具備強者心態。西點校內一直流行著這樣一句名言：只要你不認輸，就有機會！

以比賽為例，西點軍校隊從來不會說要在某時某地與某某隊比賽，而是一律宣稱：「西點軍校隊將要在某時某地打敗某某隊。」連失敗的任何可能性都從語言裡去除了。西點軍校道德品格教育的另一個突出點，是軍校一直大力培養競爭意識、取勝精神和必勝態度。

1961年，西點軍校橄欖球隊在一系列比賽中連連敗陣，軍校當局撤掉了文斯・降巴迪的教練之職，同時讓受人歡迎的波爾・迪茨爾任新教練。校長威斯特摩蘭解釋說：「委任迪茨爾擔任

西點軍校橄欖球隊的教練，是為了國事的利益，為了陸軍的利益，為了西點軍校的利益。經過我們大家的共同努力，總算找到了一位能『取勝』的理想教練。」

西點人注重勝利，並且在學員中不斷強化勝利意識，他們在認識到獲得球賽的勝利和獲得戰爭的勝利有許多相似之處時，就把體育運動廣泛地引入學員生活中。體育和戰爭的本質都是雙方的對抗，最後決出勝負，而其關鍵就是「獲勝」。在競爭激烈的社會裡，並非每個人都能成為第一，但是每個人都可以擁有第一的夢想。只有爭取第一才是一種積極向上的心態。它為西點人甚至所有人創造了一個奮鬥的目標，一種前進的動力。

長久以來，人們一直認為要在4分鐘跑完1英里是件不可能的事。但在1954年，著名的短跑名將羅傑・班納斯特卻做到了。他之所以能創造這項佳績，一是得益於體能上的苦練，二是歸功於精神上的突破。在此之前，他曾在腦海裡多次模擬4分鐘跑完1英里，後來成為一種強烈的信念，從而對神經系統下了一道死命令，必須完成這項使命。他果然做到了大家認為不可能做到的事。誰也沒有想到，在班納斯特打破記錄的第二年裡，竟然有近千人先後達到了這項記錄。

正如西點著名教官約翰・阿比紮伊德中將所說，一個人想要征服世界，首先要戰勝自己。只有不斷強化必勝的信念，你才能保持前進的動力，努力尋找方法，克服一切艱難險阻，向成功逐漸靠近。

曾任西點校長的道格拉斯・麥克阿瑟說過：

信念不堅定，難有大的作為。

麥克阿瑟出生於軍人家庭，父母從小就鼓勵他成為「偉人」，他在少年時就確立了人生的目標：做一個軍人，當一名將軍。

麥克阿瑟為實現目標，從小就刻苦讀書。他17歲考入西點軍校，在西點軍校四年中有三年學習成績名列全班第一，創西點軍校25年來學員最高學分的記錄。畢業後，麥克阿瑟開始了他的軍旅生涯。

第一次世界大戰爆發時，美國開始積蓄軍事力量，麥克阿瑟擔任了陸軍部的「新聞檢察官」，工作做得十分出色，後晉升為少將，任西點軍校校長。

麥克阿瑟在西點軍校的改革，遭到了來自國會、陸軍部、校友會等保守分子的責難，他被排擠到菲律賓執行海外任務。

信念是一種無堅不摧的力量，當你堅信自己能成功時，你必能成功。許多人一事無成，就是因為他們低估了自己的能力，妄自菲薄，以至於難以取得大成就。

1925年，麥克阿瑟又受命回到美國。這時他的妻子對軍旅生活十分厭倦，力勸他退出軍界，創辦私人企業賺錢。憑藉他和夫人的經濟實力和社會關係，要做生意是十分容易的。麥克阿瑟如果同意夫人的意見，既可以帶來家庭的和睦，又可以成為一個富翁。但麥克阿瑟面臨種種誘惑，一點也不心動，做軍人，成為將軍的願望在他心中是如此強烈，他仍然對軍人的奔波生活一往情深。最後他的夫人離開了他。

1928年夏天，麥克阿瑟再次被派往馬尼拉，擔任菲律賓部隊司令。

半年後，他收到美國陸軍參謀長薩默羅爾將軍的電報：「總統很想任命你為工程部主任。」麥克阿瑟清楚地知道，若接受這一職務，他在軍界發展的希望將十分渺茫，而他當時是盯著參謀長這一職位的，但若不接受這一職務，又很可能被認為不忠誠。考慮再三，他拒絕了這一職務，他的這一決定使他終於在1930年8月被任命為陸軍參謀長，此時，他年僅50歲，成為陸軍歷史上最年輕的參謀長。

第二次世界大戰爆發後，麥克阿瑟充分發揮他的才智，取得了輝煌的戰果，成為歷史上的名將，終於實現了自己的抱負。

能夠堅持下來，相信自己能夠實現夢想，是麥克阿瑟成功的原因。懦弱心理較重的人，除了要努力培養自己堅強的意志、豐富的想像力和激蕩的熱情之外，還必須培養戰勝膽怯的勇氣和絕不向困難妥協的精神。消除畏懼，是一個人成功的前提。無所畏懼的人，在一切社會環境、自然環境中，有著按自己的意圖行事的堅韌生命力。他們可以拋棄一切、無所顧忌地向著奮鬥目標英勇前進。他們由強烈的自信生出不怕危險和失敗、大膽猛進的勇氣，具有敢於挑戰的偉大精神。他們不斷改造社會，改造自己的工作。他們力圖尋找自己的對手，打垮對方，以此來激發鬥志，發揮自己的才能。

信念是一種無堅不摧的力量，當你堅信自己能成功時，你必能成功。許多人一事無成，就是因為他們低估了自己的能力，妄自菲薄，以至於難以取得大成就。信心能使人產生勇氣，克服所有的障礙，從而獲得成功。

所以，人最大的敵人是自己。

工作上遇到的最大問題是缺乏自信。缺乏自信的現象包括「告訴自己做不到」、「懷疑自己無法獲得成功」、「對自己的現狀不滿意」、「擔心自己會失敗」、「覺得自己沒有目標和安全感」，這一切都會影響人行動，讓人缺乏應有的活力，從而限制了潛能最大程度的發揮。

我們必須意識到，一個人的積極行動，包括最終的成功，總是跟他的自信心緊密相關的。唯有懷著必勝的心，我們才能擔負起責任，勇敢地面對一切艱難險阻。只要懷有必勝的信心，哪怕是一個平凡的人，也會成就驚人的事業。

*2001*年*5*月*20*日，美國一位名叫喬治・赫伯特的推銷員成功地把一把斧子推銷給小布希總

統。他所在的布魯金斯學會得知這一消息，把刻有「最偉大推銷員」的一只金靴子贈與他。這是自1975年以來，該學會一名學員成功地把一台微型錄音機賣給尼克森後，又一學員跨過如此高的門檻。

布魯金斯學會以培養世界上最傑出的推銷員聞名於世。它有一個傳統，在每期學員畢業時，設計一道最能體現推銷員能力的實習題，讓學員去完成。柯林頓當政期間，他們出了這麼一題目：把一條三角褲推銷給現任總統。八年間，有無數個學員為此絞盡腦汁，可是，最後都無功而返。柯林頓卸任後，布魯金斯學會把題目換成：請把一把斧子推銷給小布希總統。鑑於前八年的失敗，許多學員放棄了爭奪金靴子獎，個別學員甚至認為，這道畢業實習題會和柯林頓當政期間一樣毫無結果，因為現在的總統什麼都不缺，再說即使缺少，也用不著他們親自購買。

然而，喬治·赫伯特做到了，並且沒有花多少工夫。一位記者採訪他時，他說：「我認為，把一把斧子推銷給小布希總統是完全可能的，因為布希總統在德州有一個農場，裡面長著許多樹。於是我給他寫了一封信，說：有一次，我有幸參觀您的農場，發現裡面長著許多大樹，有些已經死掉，木質已變得鬆軟。我想，您一定需要一把小斧頭，但是從您現在的體質來看，這種小斧頭顯然太輕，因此您仍然需要一把不甚鋒利的老斧頭。現在我這兒正好有一把這樣的斧頭，很適合砍伐枯樹。假如您有興趣的話，請按這封信所留的信箱，給予回覆……最後他就給我匯來了15美元。」

喬治・赫伯特成功後，布魯金斯學會在表彰他的時候說，金靴子獎已空置了26年。在哥倫布成功之前，誰也不相信大洋彼岸還有一片綠洲；在喬治・赫伯特成功之前，誰也不相信他能將一把斧頭賣給總統。有些人之所以不能成功，是因為他們在嘗試之前就給自己預設了一種可能：這件事情絕不可能成功！就這樣，失敗的念頭搶占了他們腦海中的高地，堵塞了努力的道路。而滿懷信心的人永遠相信，如果想要追求夢想，首先要做一個敢於做夢的人。在追求的路上，唯有必勝的信念能夠放進隨身的行囊。

1900年7月，德國精神病學專家林德曼獨自駕著一葉小舟駛進了波濤洶湧的大西洋，他在進行一次歷史上從未有過的心理學實驗，他要驗證一下自信的力量。

林德曼認為：一個人只要對自己抱有信心，就能保持精神和機體的健康。

當時，德國舉國上下都關注著獨舟橫渡大西洋的悲壯冒險，因為已經有100多位勇士相繼失敗，無人生還。林德曼推斷，這些遇難者首先不是從生理上敗下來的，主要是死於精神崩潰、恐慌與絕望，所以他決定親自駕舟，驗證自己的推斷。

在航行中，林德曼遇到了常人難以想像的困難，多次面臨死亡，有時真有絕望之感。但只要這個念頭一起，他馬上就大聲自責：懦夫，你想重蹈覆轍，葬身海底嗎？不，我一定能成

功！在經歷千辛萬苦之後，他終於渡過了大西洋，成為第一位獨舟橫越大西洋的勇士。接下來，許多受林德曼事蹟鼓舞的人也勇敢地橫渡了大西洋，因為林德曼用實際行動告訴他們：一切都是可能的！你一定可以成功！

意志力

31 意志力是成功的先導

擁有堅強的意志是一個合格軍人的核心素質之一。西點軍校每屆新生的淘汰率很高，其中有很多都是在著名的「獸營」——為期幾週的強化軍事訓練——中被淘汰出局的。

西點軍校的「獸營」就是要讓新學員們在嚴酷的環境下生存下來，通過者才被西點軍校正式錄取。

在嚴酷的環境下什麼才是支持一個人生存下來的真正力量？是體能？是智慧？其實這些都只是外在的所謂才能，而真正的核心力量就是——意志力。

正如西點的一位教官所講：「『獸營』就是讓你處在接近死亡的威脅中，打垮你的精神，摧毀你的意志，折磨你的肉體。能夠走出『獸營』的人，被證明是擁有超強意志力的人，他們才是西點軍校的真正學員。」

意志力是成功的先導，意志力是一種自我引導的力量。羅素・赫爾曼・康維爾是一名美國演說家和牧師。他的《鑽石就在你家後院》，發表於1888年，被用作六千多次的勵志演講，他說：

「古往今來，人們都在不停地談論著成功的秘訣。但其實，成功並沒有什麼秘訣。成功的聲音一直在芸芸眾生的耳邊縈繞，只是沒有人理會它罷了。而它反覆述說的就是一個詞——意志力。任何一個人，只要聽見了它的聲音並且用心去體會，就會獲得足夠的能量去攀越生命的巔峰。這些年來，我一直致力於一項事業——試圖在人們的思想中植入這樣一種觀念：只要給予意志力以支配生命的自由，那麼我們就會無堅不摧，無往不利。」

意志力是一種普遍的「心智功能」，我們每天都能感受到它的存在。很多哲學家都指出人在本質上人是一種精神動物，事實上在生活中很少有人會懷疑自己的行為或多或少要自己意志力的影響。意志力本身包含了許多精神的力量。儘管不同的人對於意志力的源

只有當人和他的意志相互溝通，融為一體時，這個世界才有驅動力。如果你擁有強大的意志力，那麼你全身的能量都可以在它的召喚下聚合起來，從而實現你的成功。

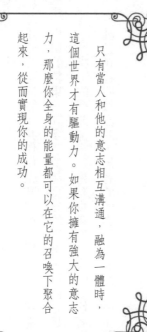

泉，對於意志力如何影響人，以及對於意志力的積極作用和局限性有著不同的看法，但大家都認同這樣的看法：意志力本身是人類精神領域一個不可或缺的組成部分，甚至在我們每個人的生命中，意志力都發揮著超乎尋常的重要作用。

心理學的研究認為意志力是「一種有意識的心理機能，其作用尤其體現在經過深思熟慮的行動上」。但意志力並不一定是「有意識」作用的結果，許多看似無意識的舉動，可能正是一個人意志力的體現；而另外一些脫離人的意志力指引的行為卻肯定是有意識的。人的一切有意識的行動都是經過考慮的，因為即便這一行動是在瞬間做出的，思考的因素仍然在其中發生著作用。所以說，意志力是自我引導的力量。

意志力不僅是一個人下決心的決斷力，不僅是用來感悟理解的感受力，也不僅是進行構思的想像力，意志力是所有進行自我引導的精神力量本身。美國哲學家羅伊斯這樣說：「從某種意義上說，意志力通常是指我們全部的精神生活，而正是這種精神生活在引導著我們行為的方方面面。」所以說，意志力是引導我們精神生活的偉大力量，同時這種力量也幫助我們面對現實中的各種情況。

人的身體器官或心理功能在意志力的引導下對自己的決心服從。意志力首先是面對某一個決心要完成的任務時表現出來的精神力量。如果一個人擁有強大的意志力，那麼他就能透過意志力本身、透過自己的身體或透過其他事物，利用這種巨大的精神力量來實現自己的目標。正如愛默生所講：意志力是「鼓舞士氣、振奮人心的衝勁」。

我們可以把意志力可以比喻為充電電池，其放電能量的大小取決於它的容量和它的疏導系統。它可以積聚很多的能量，在恰當的操作下可以釋放出強勁的電流。在某個事件或者某種特殊的情況刺激下，一個人可能會表現出強大的意志力，而由這種意志力又引發了超常的能量。從這個意義上講意志力被看作是一種累積起來的能力，一種在量上能夠增加、在質上能夠提高的能量。

愛德華・克拉克博士說過：「意志力是一位天生的國王，在特定的範圍內，人全身的各個部分都要受其引導。像大多數國王那樣，他一旦決定要擴展自己的疆域或是增加自己的權力，他往往能透過各種方式來辦到。只要他動用行政權和執法權，採取直接而有力的措施，便能使每一個組織器官心悅誠服地接受他的支配。相反，如果他對所處的地位毫不在意、偷懶馬虎，對經常性的警戒和辛勞感到厭倦，他就會發現，自己手中的權威在慢慢地消失，直至最終淪為其他官能的奴僕。」

意志力是可以透過修煉得到加強和提升的。一個有心修煉和提升自己意志力的人，將獲得無比巨大的力量，這種力量不僅能夠完全地控制一個人的精神世界，而且能夠引導人的心智達到前所未有的高度——此時，一個人從未設想能擁有的智慧、天賦或能力都變成了現實；所有那些人們長久以來都無法看見的東西其實就存在於人的自身，而這把能夠開啟人的洞察力和征

服力的神奇鑰匙就是意志力。

意志力是一種自我引導的精神力量，同時也是引導我們走向成功的精神力量。對於每一個來說意志力扮演著三種重要的角色：強大的意志力是身體的主人；正確的意志力是心智的統帥，完善的意志力是道德的導師。

美國上將杜威和他的水手們也是自願以自己的血肉之軀，冒著槍林彈雨抵達了馬尼拉港，而且沒有絲毫的退縮和畏懼之意；哈姆雷特的掘墓工人是心甘情願地選擇了掘墓這種繁重的體力活的；殉教者可以無畏地將自己的身體奉獻於熊熊烈火；音樂家帕格尼尼能夠自由地指揮他的手指在小提琴上演奏出令人嘆服的樂章。同樣，受過訓練的運動員也能夠自如地運用身體各部位的力量，而在訓練的最初，這些不同部位的身體力量就如同脫韁的野馬一樣難以控制。

強大的意志力是身體的主人，它總是借助於各種欲望或理念指揮著我們的身軀。頑強的意志力對於生命有著重要的意義，強大的意志力可以引導一個人的身體去完成許多難以想像的事業。

作為身體的主人，意志力對於軀體的支配作用常常可以在對身體的控制行為中發揮出來。強大的意志力可以促成良好的行為習慣，這就是意志力對人體的支配作用的證據。儘管對一些人來說，某一種習慣可能已經成為自然而然的行為了，但這常常是意志力持久地發揮作用的結果，一旦你失去意志力的作用，習慣也就會慢慢消失；而且意志力還可能引導著我們的某種行為，使其不斷地固化為習慣——儘管人們很多時候意識不到這一點。

意志力還可以透過壓抑自我實現對身體的支配進而創造奇蹟。自豪和驕傲可以使人克制住疼痛的呻吟。愛會讓身患絕症的人強忍住淚水。甚至在一些足以令人發狂的情況下，受到刺激的神經也可以被意志力牢牢地控制住。

此外，當你沉浸在閱讀中時，如果你的意志力足夠強大，外界的聲響就彷彿被隔絕在耳膜之外。在你全心投入做一件事時，可以不顧肚子對飢餓的抗議。在某些非常特殊的情況下，人的一些非常明顯的傾向也可以被改變，甚至變得完全不同，這同樣是來自意志力的巨大作用。另外，人為了堅持自己的觀點，不背叛自己的信仰，甚至可以付出很大的代價，這也是意志力在起作用。

正確的意志力是心智的統帥，注意力的集中是對此最好的注解。在集中注意力時，思想就會將它的能量集中在一個物體或者一組物體上。比如把滴了兩種不同香水的紙條湊到鼻孔邊，我們可以嗅到兩種香水的不同味道。但當我們集中注意力，用心去感受其中一種香水的味道時，那麼，我們真的就只會嗅到其中的一種香味，而另外一種香味由於意志力的作用而被忽略了。

意志力還可以引起人的抽象思維。人的思維在某種單一的行為中所顯示出來的專注程度和力度，往往體現了意志力持久作用的結果。從這一點來說，意志力的強弱就體現在「集中注意

力」的強弱上，或者說意志力的強弱表現在思考過程中，表現在人對動機、事實、原則、手段的把握中，表現在人的自我控制能力的大小上。

很多非凡的人物都具有在強大意志力支配下的卓越的思考能力。

法國統帥拿破崙在打仗之前，他總是全心地沉浸在對戰爭形勢、戰略打法的思索中，而完全不問其他的事。美國威斯康辛州的參議員卡本特在有重要決議要表決的前一天晚上，總是把自己隔絕在滿是法典的書房中，完全沉浸於對問題的思考，直至第二天早晨都不會理會和考慮決議以外的東西。詩人拜倫習慣於將自己與外界隔離，只與白蘭地和水為伴，連續幾個小時沉迷於艱苦的詩歌創作。有一次，黑格爾拿著一部書的手稿去找他在耶拿的出版商。而那一天正是耶拿戰役的爆發日，當黑格爾在街上看到凱旋的拿破崙軍隊時，感到非常驚奇——因為在此之前，他對這一吸引全歐洲注意力的重大事件竟然一無所知！

只有讓思想隔離外界的紛擾而完全集中在一件事情上，才會產生偉大的思想結晶。而做到這一點，強大的意志力是根本。

作為心智的統帥，意志力的作用同樣還顯著地表現在記憶這一行為上。在「記憶」的過程中，意志力常常會用其能量給人的精神「充電」。但一些事實也會由於興趣本身的巨大影響，而增強大腦對其的記憶。在記憶的過程中，大腦格外需要意志力的激勵。單純的重複是不能真正提高記憶力的，只有透過意志力把注意力、集中的思維和興趣的有益影響都積極地參與到記憶過程中，才能讓記憶產生質的飛躍。

著名歷史學家威廉・普萊斯考特為了彌補視力缺陷，而將自己的記憶功能訓練得十分強大，以至於可以將長達*600*頁的巨著從記憶庫中直接取出口述出來。法蘭西斯・派克曼和達爾文的視力也很差，卻都獲得了驚人的記憶力。真正有用的記憶力必須依賴於意志力的驅動和堅持不懈的努力。

完善的意志力是道德的導師。對於意志力的真正磨礪不可能離開高尚的品質和正直的觀念。忽視對良好道德的培養，可能不會影響一個人造就強大的意志力；但若沒有高層次的道德情操上的要求，則不可能培養出完善的意志力。意志力的最高境界就是既合乎高尚道德的要求又十分強大。

意志力如果僅僅具有巨大的力量和不懈的恆心，而失去了理性和道德的約束，那麼只有一種可能，就是：只會憑著一種愚勇、狂熱和頑固的做法來實踐它的主張。只有合乎道德要求的高尚的意志力才能引導我們獲得更加經久的勝利——這種正義的意志向人們證明：所有滿足它正直的要求的人都能夠分享到共同的進步與好處。相反，如果運用意志力而毫不顧及他人的利益——穿著粗硬的鞋，隨意踐踏沿路的一切，那麼這種人只有可能成為人類的殘渣。

堅定的意志力從來就藐視「不可能」，堅忍不拔的意志力勇敢地宣告：有志者事竟成。意志力是成功的先導，是我們永遠向前的動力之源。我們要運用自己的意志力、磨練自己的意志

力，同時也要學會控制自己的意志力。

一個有著堅強意志力的人，便有無窮的力量。不論做什麼事都要有堅強的意志，應當堅信任何事情只有付出極大的努力才能獲得成功。人的意志力有著極大的力量，它能克服一切困難，不論所經歷的時間有多長，付出的代價有多大，無堅不摧的意志力終能幫助人們到達成功的彼岸。一個能控制自己意志力的人，也就擁有了自我引導的偉大力量。這種巨大的力量可以實現他的期待，達到他的目標。如果他的意志力堅固得跟鑽石一樣，並以這種意志力引導自己朝著目標前進，那麼他所面對的一切困難，都會迎刃而解。

如果你見到一個年輕人，他用斬釘截鐵的態度去實施他的計畫，而絲毫沒有「如果」、「或者」、「但是」、「可能」的念頭，那麼這樣的年輕人，就擁有了強大的意志力，成功也必定會屬於他。凡有明確目標、並能照著既定程序去做的人，便能堅定自己的意志力，而這種意志力足以支撐他的成功。

一個人不能任由意志力漫無目的的狂奔，他必須學會對其加以控制。如果一個人無法控制自己的意志力，那麼他就很難獲得持之以恆的恆心，也就失去了發明與創造的可能性。

有許多年輕人最初很熱心於他們自己的事業，但是由於缺乏意志力與恆心，竟然在一夜之間就放棄了自己原有的事業，而去進行別的事業。他們常常對自己所處的位置、所擁有的才能表示懷疑。他們不知道他們的才能怎樣加以利用會最有價值。面對困難，他們常常感到灰心，甚至是沮喪。當他們聽到某人成就了某項事業，他們便開始埋怨自己，為何自己不也去做同樣的事業，而不檢討自己由於意志力不堅定，浪費了多少成就事業的機會。

可以肯定地說，如果一個人經常放棄他一貫期待的目標，經常鬆懈自己的意志力，他就絕不會成為一個成功者。

32 絕不懼怕失敗

一個人的生命旅程中不可能一帆風順，挫折與失敗會與你相伴一生。人們往往羨慕成功者功成名就時的光彩，卻不曾想在他們通向成功的道路上那遍佈的荊棘。世界是一個矛盾的統一體，任何事物都不能脫離他的對立面而存在，同樣任何事物都會在一定條件下向著它的對立面轉化。成功與失敗這一對矛盾體也是如此。沒有失敗的累積，不可能見到成功的曙光，同樣把失敗轉化為成功，需要的條件就是——強大的意志力。一個人只有養成一種不懼怕失敗，永不放棄的精神與意志，才能披荊斬棘向前進，撥開雲霧見陽光。

「畏懼失敗就是毀滅進步」是西點軍校非常流行的一句話。在西點每個人都渴望勝利和榮譽，每個人都希望成為第一，每個人都不會懼怕失敗，每個人都不會被困難所擊倒。西點學員的眼中只有勝利，在沒有贏得勝利時，都只會問自己這樣的問題：我盡力了嗎？我還可以做得更好嗎？失敗對一個真正的西點人來說不過是通向成功、通向勝利之路上一個不起眼兒的障礙而已。

人生就像是一場漫長的馬拉松賽，或許有一段你落在了隊伍的後面，但是只要沒有結束，你就永遠有機會趕超。一次的失敗並不代表終身的失敗，哪怕你從未獲得過勝利，你依然不應懼怕失敗。

當年愛迪生發明電燈，他嘗試了幾百種乃至上千種材料做燈絲都沒有成功，但別人嘲笑他的失敗的時候，他卻說：「我至少知道了那些材料不適合做燈絲。」失敗只是一個事實，並不能代表什麼，只要繼續努力，勝利終將屬於鍥而不捨的人。

孟子曰：「故天將降大任於斯人也，必先苦其心志，勞其筋骨，餓其體膚，空乏其身，行弗亂其所為，所以動心忍性，曾益其所不能。」只有那些不畏懼失敗和挫折，化不利為動力，能夠在戰勝困難和不幸中錘煉意志的人，才能有所作為，成就事業。

我們所面對的失敗並不可怕，可怕的是我們就此被失敗嚇倒。如果你現在正處於人生的低潮，請不要畏懼你的失敗和面前的困難；如果你現在正享受勝利的喜悅，也請繼續努力，還有更高的山峰等待你的攀越。

在成功的道路上，人們隨時會碰到事業上的失敗和挫折以及生活中的困難和不幸。人生之路，不如意事常八九，一帆風順者少，曲折坎坷者多，成功是由無數次失敗構成的。在追求成功的過程中，還須正確面對失敗。樂觀和自我超越就成為能否戰勝自卑、走向自信的關鍵。正如美國通用電氣公司創始人沃特所說：「通向成功的路，即把你失敗的次數增加一倍。」

1832年，一個普通的美國人失業了，面對生存的壓力他很傷心，不過他沒有放棄繼續向前的努力，他下決心從政。他參選州議員，結果以失敗放終；他不得以創立自己的公司，不曾想一年不到公司即宣告破產，為此他背上了沉重的債務而在接下來的幾年為償還債務而到處奔波。

經過幾年的風風雨雨，他重整旗鼓再次參加州議員競選，這一次他當選了，他內心升起一絲希望，認定生活有了轉機，並於1851年與一位美麗的女孩訂婚。誰曾想命運之神再次和他開了個玩笑：離結婚日期還有幾個月的時候，未婚妻不幸去世，這使他大受打擊，心灰意冷，臥床數月不起。但是挫折並沒有擊垮他，他在重振自信之後，再次為了自己的政治理想而起身戰鬥。

1852他決定競選美國國會議員，結果落選。但他沒有放棄，而是問自己：「失敗了，接下去該怎麼做才能獲得成功？」

1856年，他再度競選國會議員，他認為自己爭取作為國會議員的表現是出色的，相信選民會選舉他，但還是落選了。為了賺回競選中開銷的一大筆錢，他向州政府申請擔任本州的土地官員。州政府退回了他的申請報告，上面的批文是：「本州的土地官員要求具有卓越的才能，超常的智慧。」這是對一個人能力的全面否定，對人的打擊之大可想而知。然而連續的失敗並沒有使他氣餒。他奮發圖強兩年之後，他再次競選美國參議員，卻仍然遭到失敗。

也許你會認為這個「不幸」的人從此會一蹶不振，但恰恰相反，他在失敗中不斷總結自己的得失，反而不斷地在進步。終於他在*1860*年當選為美國總統。他就是至今仍讓美國人深深懷念的亞伯拉罕・林肯。

在林肯一生經歷的十一次重大事件中，只成功了兩次，其他都是以失敗告終，但他始終沒有停止追求。我們不談林肯的才華，而只看走向成功的道路，是那種不畏懼失敗的強大意志和永不放棄的堅強品格讓他獲得非凡的成功。

堅忍不拔的人，總是微笑著面對失敗，不肯放棄，不肯停止，並以更大的決心，衝向前去。我們可能看見過一個不知失敗為何物的人，一個不知何時才算受挫的人，一個要將「不能」、「不可能」等字眼從他的字典中抹去的人，一個任何困難與阻礙都不足以使他跌倒的人，一個任何災禍、不幸都不足以使他灰心的人。肯定是前途無量的。

艾森豪在二戰期間曾任盟軍最高統帥，在二戰後期盟軍發動的一次大攻勢期間，有一天他

在萊茵河附近散步：遇見一名士兵神情非常沮喪。「你這是怎麼了，孩子？」他問道。

「將軍，」年輕的士兵回答「我煩得要死。」

「那你跟我真是同病相憐。」艾森豪說，「因為我也很心煩。我想如果我們一起散散步，也許能從煩惱中解脫出來。」

艾森豪說過：「我曾經因為仰慕霍華德・韓德利克斯，決定參加一個他參與主持的講習班，他的風格、誠意、才華和信心，都從他所說的每一句話中充分表露了出來。他可真是我見過的最出色的教師。但聽得越多我越沒有自信，認為自己永遠不可能比得上他。

「有一天，霍華德似乎察覺到了我的心意，同時他也認識到大部分學員可能都有這種感受，因此他停止了授課，開始坦誠地對我們說起自己的經歷。他平靜地敘述他的失敗，又說他曾幾次想放棄教學生涯。我們聽了都不禁笑了起來，但隨即就覺得心裡很難受和很同情他。我瞭解到他也是血肉之軀，不是完人，和我們大家沒有兩樣。

「人生不是百米短跑，」他對我們說，「它是一場馬拉松比賽，最後到達終點的通常都是那些像你我那樣拖著沉重腳步慢慢奔跑的人。」

真正的失敗是放棄，是犯了錯誤但不能從中吸取教訓。

面對挫折和失敗，惟有樂觀積極的持久心，才是正確的選擇。其一，採用自我心理調適法，提高心理承受能力；其二，注意審視、完善策略；其三，用「局部成功」來激勵自己；其四，做到堅忍不拔，不因挫折而放棄追求。

要戰勝失敗所帶來的挫折感，就要善於挖掘、利用自身的「資源」。應該說當今社會已大大增加了這方面的發展機遇，只要敢於嘗試，勇於拚搏，就一定會有所作為。雖然有時個體不能改變「環境」的「安排」，但誰也無法剝奪其作為「自我主人」的權利。

屈原放逐乃賦《離騷》，司馬遷受宮刑乃成《史記》，就是因為他們無論什麼時候都不氣餒、不自卑，都有堅忍不拔的意志。有了這一點，就會掙脫困境的束縛，迎來光明的前景。

若每次失敗之後都能有所「領悟」，把每一次失敗都當做成功的前奏，那麼就能化消極為積極，變自卑為自信。作為一個現代人，應具有迎接失敗的心理準備。世界充滿了成功的機遇，也充滿了失敗的風險，所以要樹立持久心，以不斷提高應付挫折與干擾的能力，調整自己，增強社會適應力，堅信失敗乃成功之母。

成功之路難免坎坷和曲折，有些人把痛苦和不幸作為退卻的藉口，也有人在痛苦和不幸面前尋得復活和再生。只有勇敢地面對不幸和超越痛苦，永保青春的朝氣和活力，用理智去戰勝不幸，用堅持去戰勝失敗，我們才能真正成為自己命運的主宰，成為掌握自身命運的強者。其實失敗就是強者和弱者的一塊試金石，強者可以愈挫愈奮，弱者則是一蹶不振。想成功，就必須面對失敗，必須在千萬次失敗面前站起來，用持久心戰勝一切。

馬里奧・科摩於1982年當選美國紐約州州長，連任12年。他的父母都是20世紀20年代末期才移民美國的，馬里奧說他父親的經歷就是一個追求美國夢的經歷，就是不斷超越自我、超越失敗的經歷。

馬里奧・科摩曾在他的日記中記錄了這樣一個故事：

那天我們剛搬到豪爾烏斯的山區大約一個星期，因為一場非常可怕的暴風雨，門前原來那棵40英尺高的大樹幾乎被狂風連根拔出地面，向前傾斜著。父親把我們幾個孩子叫到樹的根前。我們站在街道上俯視那棵樹足足有2分鐘。之後父親鄭重地宣布：「好了，我們現在把它扶起來。」

當時我覺得非常不可思議，大樹的根都露出地面了，它就要死了，把它扶起來還有什麼用。可是父親卻說了這樣的話：「誰說他死掉了？只要我們把它扶起來，它會繼續生長。」我們不能對父親說「不」，因為我們是他的兒子，而他已經決定了這件事。

我們從房間裡取來繩子，把繩子拴在那棵倒了的大樹樹冠的一端，然後父親和我站在房子旁邊一起拉繩子，而弗蘭基則站在雨中的街上幫助把這棵大樹扶起來。雖然我們失敗了好幾次，但是父親總是鼓勵我們再試一次，結果我們真的就把它扶了起來。當時我真不敢相信我們竟然做到了。接著我們又和父親一起把他重新種植好，並用繩子固定好。最後父親對我們說：「不用擔心了，它又開始生長了。這不是很簡單嗎？」

「人的身心都可以從背陰處移到陽光普照的地方。稍有思想的人都能辨得到。」生命中的不幸，成功道路上遇到的失敗，往往會給我們帶來極大的痛苦，只有設法盡快擺脫痛苦，才能堅定不移地向既定的目標進發。

卡耐基曾經說，很多人成功的秘訣，就在於他們不怕失敗。他心中想要做一件事時，總是用全部的熱誠，全力以赴，從來想不到有任何失敗的可能。即便他失敗了，也會立刻站起來，抱持更大的決心，向前奮鬥，直到最終迎來輝煌。

有很多人，他們在失敗面前意志消沉，一蹶不振；而那些有堅韌力的人，則能夠堅持不懈。那些不知怎樣才算受挫的人，是不會一敗塗地的。他們縱有失敗，也從不以那個失敗作為最終的命運。每次失敗之後，他們會以更大的決心，更多的勇氣，站起來向前進發，這種人是永遠不會被困難擊倒的！堅韌、無畏，永遠是成就大事的人的特徵，而不敢冒險、逃避困苦的人，自然一生只能做些小事。

只要我們堅持不懈，再嘗試一次，最終我們會成功的，做任何事情都是這樣。因為短暫的失敗而驚慌失措只能亂中添亂，因為沒有堅韌的毅力而中途放棄只能一事無成，這些都將導致你走向更大的失敗。世界上沒有常勝將軍，同樣也沒有永遠的失敗者。現在的勝利代表的是對你過去的肯定，而現在的失敗同樣只代表過去，只要繼續努力，勝利就有可能屬於你。

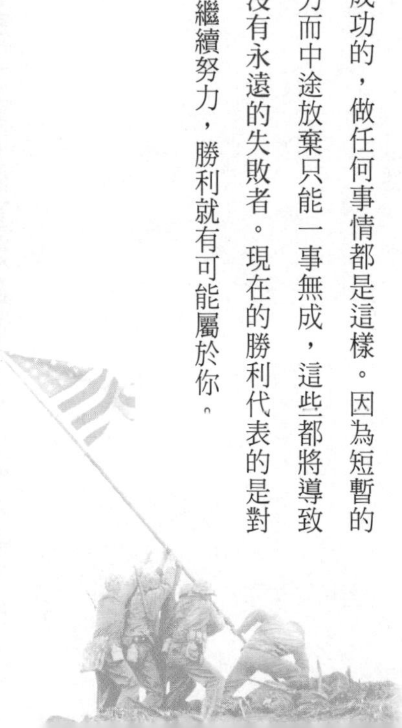

33 我的字典裡沒有投降一詞

西點軍校的學員都明白一個道理：第一永遠只有一個，在追求勝利和第一的同時，只有依靠自身強大的意志力破除一個又一個障礙，才能最終取得成功。

西點軍校的教官時常告誡學員：作為一名軍人，榮譽高於一切，軍人只有戰死沙場，沒有苟且偷生，軍人的字典沒有「投降」一詞。

在第二次世界大戰後期，戰爭進入了一種微妙的局面，每一步的行動都必須小心謹慎，否則可能造成無法挽回的後果。1944年，時任盟軍最高統帥的艾森豪將軍指揮的盟軍正準備橫渡英吉利海峽，在法國諾曼地登陸，開始全面反攻。這次的登陸事關重大，英國和美國合作無間，為這場戰役投入了無數的人力物力。然而天公不作美，就在一切準備就緒、蓄勢待發時，英吉利海峽卻突然風雲變色、巨浪翻天，數千艘船艦隻好退回海灣，等待海上恢復平靜。這麼一等，足足等了四天，天空像是被閃電劈開了一道裂縫，傾盆大雨連綿不絕，數十萬名軍人被困在岸上，進退兩難，每日所消耗的經費、物資更是天文數字。

艾森豪正在苦思對策之時，氣象專家送來最新的報告，資料中顯示天氣即將出現好轉，狂風暴雨將在三個小時之後停止。艾森豪立即明白這是千載難逢的好機會，可以攻敵人於不備。但正所謂福禍相倚，太平之下也潛藏著危機，萬一氣候不若預期中這麼快好轉，很可能會導致全軍覆沒。

艾森豪經過慎重的考慮之後，他斬釘截鐵地向陸、海、空三軍下達了橫渡英吉利海峽的命令。艾森豪受到幸運之神的眷顧，傾盆大雨果然在三個小時後停止，海面上一片風平浪靜，盟軍順利地登上諾曼第，掌握了這場戰爭得勝的關鍵。

事後艾森豪接受記者採訪時談到當時的情境，他說：「對陣的雙方必須有

第一永遠只有一個，在追求勝利和第一的同時，只有依靠自身強大的意志力破除一個又一個障礙，才能最終取得成功。

一個人投降，但投降者絕不會是我。」

「絕不投降」是一種精神。

很多時候，我們面對的並不是你死我活的敵人，而是我們自己的妥協。對於我們心中萌生出的妥協之意，我們的選擇是絕不投降。如果你對困難投降，妥協就占據了上風，最終的勝利將離你遠去。不認輸，不放棄是一種強烈的獲勝信念，它是一種巨大的動力，它可以推動你去做別人認為不可能成功的事情。生命是一艘巨輪，只要我們的信念不沉沒，我們的船就永遠不會沉沒。

1948年，牛津大學舉辦了一個主題為「成功秘訣」的講座，邀請邱吉爾前來演講。演講的那一天，會場上人山人海，全世界各大新聞媒體都到齊了。邱吉爾用手勢止住大家雷動的掌聲，說：「我的成功秘訣有三個：第一是，絕不放棄；第二是，絕不、絕不放棄；第三是，絕不、絕不、絕不能放棄！我的演講結束了。」說完他就走下了講臺。會場上沉寂了片刻後，突然爆發出熱烈的掌聲，那掌聲經久不息。

人生中充滿了困難與逆境。很多不明白只有戰勝困難才能走向成功，而他們也真的能做到這一點。但困難並不是只有一次降臨到你的頭上，面對無窮無盡的命運的折磨，你將如果選擇？你要靠什麼來支撐你一路走向終點？答案只有一個：強大的意志力。意志力讓你絕不向敵人投降，意志力讓阻礙你的一切跪倒在你的面前。

不經歷風雨，怎能見彩虹！人要是沒有遇到失敗，就不會發現自己真正的才幹。人們若不遇到對他們生命本質的打擊，就不知道怎樣煥發自己內部貯藏的力量。要測驗一個人的品格，最好是看他失敗以後怎樣行動。失敗以後，能否激發他的更多的計謀與新的智慧？能否激發他潛在的力量？是增加了他的決斷力，還是使他心灰意冷？失敗是一塊試金石。

「絕不投降」「跌倒了再站起來，在失敗中求勝利。」這是歷代偉人的成功秘訣。只有敢於與失敗抗爭，才有可能鍛造非凡的意志力，才有可能打通成功的隧道。使得個人成功，使得軍隊勝利的，實際上就是這樣一種精神。跌倒不算失敗，跌倒了站不起來，才是失敗。有人問一個孩子，他是怎樣學會溜冰的？那孩子回答道：「哦，跌倒了爬起來，爬起來再跌倒，就學會了。」

也許過去的一切，對某些人來說是一部極痛苦、極失望的傷心史。他們在回想過去時，總會覺得自己碌碌無為，一事無成。他們竟然在衷心希望成功的事情上失敗了；他們所至親至愛的親屬朋友，竟然離他而去；他們曾經失掉了職位，或是營業失敗，或是因為種種原因而不能使自己的家庭得以維繫。在這些人看來，自己就是一個十足的失敗者，自己的前途似乎十分慘澹。然而即便有上述的種種失敗與不幸，只要你不甘永遠屈服，則勝利就在前方，就在向你招手。

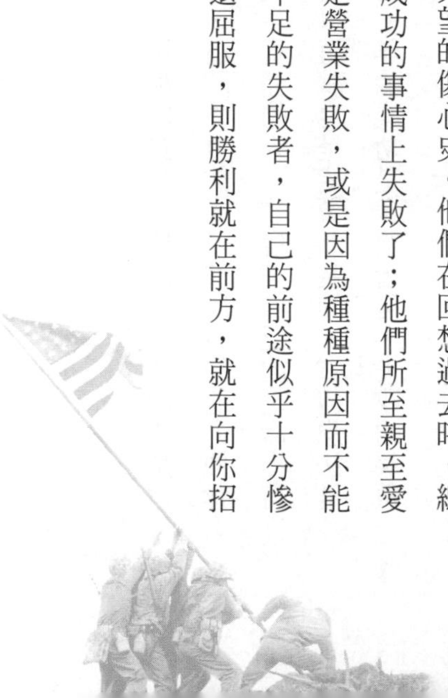

失敗是人格的試驗，在一個人除了自己的生命以外，一切都已喪失的情況下，就能清楚地知道他內在的力量到底還有多少？沒有勇氣繼續奮鬥的人，自認失敗的人，他所有的能力便會全部消失；而只有那些毫無畏懼、勇往直前、永不放棄人生責任的人，才會在自己的生命裡有偉大的進展。有人認為，試了這麼多次都以失敗告終，所以再試也是徒勞無益的，這種想法是自暴自棄的！對意志永不屈服的人而言，是不存在失敗的。無論成功是多麼遙遠，失敗的次數是多麼多，最後的勝利仍然在他的期待之中。

世界上有無數人，即使喪失了他們所擁有的一切東西，也還不能把他們叫做失敗者，因為他們仍然有一個不可屈服的意志，有著一種堅忍不拔的精神，而這些足以使他們從失敗中崛起，走向更偉大的成功。世間真正偉大的人，對於所謂的是非成敗並不介意，他們能夠做到「不以物喜，不以己悲」。這種人無論面對多麼大的失敗，絕不失去鎮靜，這樣的人終能獲得最後的勝利。在狂風暴雨的襲擊下，心靈脆弱的人們惟有束手待斃，但這些人的自信、鎮靜，卻依然存在，這種精神使得他們能夠克服外在的一切境遇，而得以成功。

溫特・菲力說：「失敗，是走上更高地位的開始。」

許多人之所以獲得最後的勝利，都說受恩於他們的屢敗屢戰。對於沒有遇見過大失敗的人，有時反而讓他不知道什麼是大勝利。

「戰勝失敗，絕不投降」是成功者應有的精神，但在用意志對抗困難時同樣需要智慧。要想真正戰勝失敗，關鍵是要從失敗中吸取教訓，下次不再犯同樣的錯誤，只有愚蠢到不可救藥的人才會在同一個地方被同一塊石頭絆倒兩次，這樣的人也不會從失敗中把握未來，實現命運的轉折。要想戰勝失敗，首先必須找出失敗的原因。

（1）糊裡糊塗，沒有明確的生活目標；

（2）愛管他人閒事；沒有一定的教育程度；缺乏自律自立，顯現出不控制飲食和對機會漠不關心的傾向；

（3）缺乏雄心壯志；

（4）因頹廢思想和不良飲食習慣造成的疾病；

（5）兒時的不良影響；

（6）缺乏貫徹始終的意志力；

（7）缺乏控制情緒的能力；

（8）有不勞而獲的念頭；

（9）當所有必需條件都具備時，仍然無法迅速果敢地做決定；

（10）心中懷有以下七項基本恐懼中的任何一項或幾項：貧窮、批評、疾病、失去愛、年老、失去自由和死亡；

（11）選擇了不適當的配偶；

（12）太過謹慎或不夠謹慎；

（13）選到不合自己興趣與能力的職業；

（14）不珍惜光陰和金錢；

（15）措辭不慎；

（16）缺乏忍耐力；

（17）無法以和諧的精神與他人合作；

（18）不忠誠；

（19）缺乏洞察力和想像力；

（20）自私而且自負；

（21）報復欲強；

（22）不願多付出一點點。

心理學家總結出了這些失敗的一些主要原因，看看你自己是否占據了其中的某些條呢？當然，你必須瞭解，失敗的原因並不止這些，而且導致一個人失敗的原因，通常不止一種。

奧里森・馬登年輕的時候，曾經在芝加哥創辦了一份成功學的雜誌，當時他沒有足夠的資本創辦這份雜誌，所以他就和印刷工廠建立了合夥關係。後來事實證明這是一份成功的雜誌。

然而，他卻沒有注意到，他的雜誌對其他出版商造成了威脅。而且在他不知情的情況下，一家出版商買走了他合夥人的股份，並接收了這份雜誌。當時他是以一種感到非常恥辱的心態，離開了他那份以愛為出發點的工作。

上面所列的22項失敗原因中，有好幾項都是造成馬登失敗的原因。其中，最大的原因在於，他忽略了以和諧的精神與他的合夥人合作（第17項），他常因為一些出版方面的小事而和他爭吵。當機會出現在他面前時，他並沒有掌握住它（第2項）。他的自私和自負（第20項），應該對這些負起責任。而他在業務上不夠謹慎（第12項），以及說話語氣太強烈（第15項），也都是造成他失敗的原因。但是，馬登卻能夠從這次的失敗中，找到失敗的原因，並從中吸取教訓。

他離開芝加哥前往紐約，在這裡他又創辦了一份雜誌。為了達到完全控制業務的目的，他必須激勵其他只出資、但沒有實權的合夥人共同努力。他同樣必須謹慎地擬定他的營業計畫，因為現在他只能依賴他自己的資源了。短短的一年時間，這份雜誌的發行量，就比以前那份雜誌多了兩倍多。其中一項主要獲利來源，是他所想出來的一系列函授課程，而這一系列的函授課程，就成了成功學的第一筆編纂資料。

當馬登被擠出芝加哥的事業時，曾經一度徬徨。他可以從此放棄創辦雜誌並接受他太太的主意，安穩地從事律師工作。但是，他在失敗中找到了原因與教訓，並且就在失敗的地方勇敢

地再次站了起來，實現了他人生最大的夢想。

失敗顯露出的壞習慣，改正它，就可以從好習慣重新出發。失敗驅除了傲慢自大，並以謙恭取而代之，而謙恭可使你得到更和諧的人際關係。失敗使你重新檢討你在身心方面的資產和能力。最重要的是，失敗藉著使你接受更大挑戰的機會，增加你的意志力。看來失敗也是一種收穫，因為你可以從失敗中學到很多。

舉杠鈴的人都知道，光將杠鈴舉起來是沒有用的，練習者必須在舉起杠鈴之後，以比舉起時慢兩倍的速度，將杠鈴放回舉起前的位置，這種訓練稱為「阻抗訓練」，這所需要的力量的控制力，比舉起杠鈴時還要多。利用此方法，可使自己經歷失敗後，能有長足的進步。

失敗就是你的阻抗訓練，當你再度回到原點時，不要主動將自己拉回原點，而應將注意力集中到拉回原點的過程上。從上述可知，每當你失敗一次，離成大事者就近了一步，在成大事者與失敗者的互換推動與轉化中，你的人生將日益成熟與完美。

34 百折不斷才是利劍

一位年輕人去拜見一位智者尋求成功之法。

「大師，我如何才能取得成功呢？」年輕人問。

智者笑了一笑，並沒有直接回答年輕人的問題，而是遞給年輕人一顆花生，問道：「它有什麼特點？」年輕人愕然。

「用力捏捏它。」智者說。

年輕人用力一捏，花生殼碎裂，但留下的花生仁完好無損。

「再搓搓它。」智者說。年輕人照著他的話做，花生紅色的種皮也被搓掉，只留下白白的果實。

「再用手捏它。」智者說。年輕人用力捏著，但是他的手無法再將花生仁破壞。

「用手搓搓看。」智者說。然而年輕人再也無法破壞這顆小小的花生仁。

「成功的秘密很簡單：屢遭挫折，卻有一顆百折不撓的心。」智者如是說。

一把上好的寶劍總是在爐火與冷水中經過千錘百煉方能鑄就，百折而不斷方為劍中上品。其實鑄劍與做人相似，如果你要想成為一個「完人」，那麼就必須在冷熱夾攻中站立不倒，並不斷除去身上的雜質，最後不僅內在變得精純，整個身體也變得堅韌異常，這時你方能被稱為一口「好劍」。

軍人都有著英雄情結，在西點軍校中，那些不斷衝破困難和阻力、經受重大挫折和打擊卻堅持到底的人，會得到全體西點人的敬佩甚至崇拜。西點教育學員人——唯有堅強的意志是成功路上最不可替代的品質。

一塊鐵塊之所以能最終成為利劍，關鍵就在於它能挺過高溫與寒冷的折磨，憑藉「意志」堅持下來。其實對於一個人來說，在生命旅程中，有一次堅持到底就算是成功。一個人一直堅持到最後實在是比較困難的。世界上成功者微乎甚微，平庸者多如牛毛就是最好的說明。成功的秘訣就是如此簡單。

堅持到底是一種態度，它需要一種品格來支撐，那就是忍耐。沒有頑強忍耐的品格，任何人都是脆弱的，都經不起挫折和磨難的考驗，也不可能實現自己的人生計畫。成功的秘訣之一就是握緊失敗的手，然後百折不撓地堅持下去。堅定的意志和強烈的成功欲望永遠是成功的不二法則。雖屢遭挫折，卻有一顆堅強的百折不撓的心——這就是成功的秘密。

沒有一次成功是一勞永逸地完成的，成功是一種每天重複不斷的行動，要一天又一天地堅持，不然就會消失。正所謂是，「千淘萬漉雖辛苦，吹盡狂沙始到金。」

張德培是網球歷史上最年輕的男子單打世界冠軍。當年，這個不滿*20*歲的黃皮膚小夥子在巴黎成為法國網球公開賽男單冠軍的時候，整個球場為之沸騰了，他也成為第一個在這裡獲得冠軍的華裔選手。在其後*16*年的網球生涯裡，他一共贏得*34*個冠軍和近兩千萬美元的獎金，並在*1996*年年終的*ATP*男單總排名榜上名列第二位。

其實，張德培的身體條件並不適合網球運動。他*175*公分的個頭，即便放到女選手中也只算是中等，再加上亞洲人先天的力量不足，使他在高手如林的男子網壇顯得十分單薄。體格的缺陷迫使他必須要用速度和堅韌彌補弱勢，這沒有捷徑，只能依靠超過常人的刻

挫折不等於失敗，只有放棄才是失敗。只要把從挫折中獲得的教訓與經驗善加利用，就會走向成功。

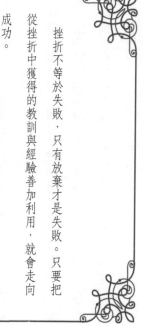

苦訓練。於是日復一日，年復一年，人們看到這名黃皮膚的小夥子從來不給自己放假。當桑普拉斯躺在希臘海灘上曬太陽時，當阿加西赴拉斯維加斯觀看拳擊比賽時，張德培都是在球場上訓練。訓練的過程是極其艱辛的，但他堅持了下來！在此後的十餘年裡，張德培憑藉靈活的步法和不懈的跑動，運用嫻熟的底線技術與對手周旋，一有機會就擊出大角度的回球置對手於死地，在男子網壇殺出了一片屬於自己的天地。

很多人都渴望成功，而成功的不二法門就是不斷努力。如果希望一勞永逸，淺嘗輒止，則很可能一事無成。看似緊鑼密鼓的工作挑戰，永不停歇的環境壓力，就在不知不覺間培養了今日的諸多能力。人的潛力無窮，能否最大限度地挖掘這些潛能，關鍵在於是否善於強迫自己、經營自己。希望成功，必須加倍努力。只有不懈努力，才會有豐厚的收穫。

沒有挫折，任何成功都是不堪一擊的！從挫折中汲取教訓，是邁向成大事者的踏腳石。當我們觀察成大事者時，會發現他們的背景各不相同。那些大公司的經理、政府的高級官員以及每一行業的知名人士都可能來自於清寒家庭、破碎家庭、偏僻的鄉村甚至於貧民窟。這些人現在都是社會上的領導人物，他們都經過艱難困苦的階段。

「平凡」與「偉大」其實只有一線一隔，它們之間的分水嶺就是面對對挫折時的反應不同。如果一個人在跌倒後就無法再爬起來，並且只會躺在地上罵個沒完，那麼他是失敗的。如果一個人在跌倒後起身跪在地上，準備伺機逃跑，以免再次受到打擊，那麼僅可能是一個「平凡」人。如果一個人在跌倒後立即反彈起來，同時汲取這個寶貴的經驗，立即往前衝刺，那麼他終將成就「偉大」。

有一個非常有名的管理顧問，當別人一走進他的辦公室，馬上就會覺得自己「高高在上」似的。辦公室內的各種豪華的擺飾、考究的地毯，忙進忙出的人潮以及知名的顧客名單都在告訴你，他的公司的確成就非凡。但是，就是這樣一家鼎鼎有名的公司的背後，也藏著無數的辛酸血淚：

這位管理顧問在創業之初的頭六個月就把自己十年的積蓄用得一乾二淨，並且一連幾個月都以辦公室為家，因為他付不起房租。他也婉拒過無數的好工作，因為他堅持實現自己的理想。他也被拒絕過上百次，拒絕他的和歡迎他的顧客幾乎一樣多。就在這整整七年的艱苦掙扎中，誰也沒有聽他說過一句怨言，他反而說：「我還在學習啊。這是一種無形的、捉摸不定的生意，競爭很激烈，實在不好做。但不管怎樣，我還是要繼續學下去。」他真的做到了，而且做得轟轟烈烈。有一次朋友問他：「那些挫折把你折磨得疲憊不堪了吧？」他卻說：「沒有啊！我並不覺得那很辛苦，反而覺得那是受用無窮的經驗。」

愛迪生改進燈泡的嘗試失敗了9999次，有人問他，「你第一萬次會失敗嗎？」而他說，「我沒有失敗過，我也許只是發現了另一個製造不出電燈泡的方法。」

我們都可以化失敗為勝利。從挫折中汲取教訓，好好利用，這樣就可以對失敗泰然處之。

千萬不要把失敗的責任推給你的命運，要仔細研究失敗的實例。如果你失敗了，那麼繼續學習吧！這可能是你的修養或火候還不夠好的緣故。世界上有無數人，一輩子渾渾噩噩、碌碌無為，他們對自己一直平庸的解釋不外是「運氣不好」、「命運坎坷」、「好運未到」，這些人仍然像小孩那樣幼稚與不成熟。他們只想得到別人的同情。由於他們一直想不通這一點，所以一直找不到使他們變得更偉大、更堅強的機會。馬上停止詛罵命運吧！因為詛罵命運的人永遠得不到他想要的任何東西。

在普通情形下，「失敗」一詞是消極性的，但我們要賦予這兩個字以新的意義。因為這兩個字經常被人誤用，給數以百萬計的人帶來了許多不必要的悲哀與困擾。

我們可以比較一下「失敗」與「暫時挫折」之間的差別：且讓我們看看，那種經常被視為是「失敗」的事，是否在實際上只不過是「暫時性的挫折」而已。還有，這種「暫時性的挫折」在實際上是不是就是一種幸福？因為它會使我們振作起來，調整我們的努力方向，使我們向著不同，但更美好的方向前進。

不管是暫時的挫折還是逆境，一個人都可以不把其視為失敗，只要這個人把它當做是一種教訓。事實上，在每一種逆境及每一個挫折中都存在著一個持久性的大教訓。而且，通常說來，這種教訓是無法以挫折以外的其他方式獲得的。

挫折通常以一種「啞語」向我們說話，而這種語言卻是我們所不瞭解的。如果我們瞭解這種語法的話，就不會把同樣的錯誤犯了一遍又一遍，而且又不知從這些錯誤中吸取教訓。只有在把挫折當做失敗來加以接受時，挫折才會成為一股破壞性的力量。而如果把它當做是教導我們的教師，那麼，它將成為一種祝福。

「挫折」是大自然的計畫，它經由這些「挫折」來考驗人類，使他們能夠獲得充分的準備，以便進行他們的工作；「挫折」是大自然對人類的嚴格考驗，它藉此燒掉人們心中的殘渣，使人類這塊「金屬」因此而變得純淨，並可以經得起嚴格地使用。每個人都會遇到困難、挫折，但挫折不等於失敗，只有放棄才是失敗。只要把從挫折中獲得的教訓與經驗善加利用，就會走向成功。

百折不撓才終成利劍，跌倒了再爬起來，你的力量也在一次次的跌倒和爬起中不斷增長。頑強忍耐者，定能走過大風大浪，最終成就大事。一個人是最終成功不在於是否具有聰慧的頭腦和超人的才華，而在於有沒有堅持到底的意志力。遇到困難不退縮，遇挫跌倒再起身，利劍百煉方乃成。

35 逆境是通向成功的敲門磚

世事常變化，人生多艱辛。在漫長的人生之旅中，儘管人們期盼能一帆風順，但在現實生活中，卻往往令人不期然地遭遇逆境。逆境是理想的幻滅，事業的挫敗；是人生的暗夜，征程的低谷。就像寒潮往往伴隨著大風一樣，逆境往往是藉由名譽與地位的下降、金錢與物資的損失、身體與家庭的變故而表現出來的。逆境是人們的理想與現實的嚴重背離，是人們的過去與現在的巨大反差。

每個人都會遇到逆境，以為逆境是人生不可承受的打擊的人，必不能挺過這一關，可能會因此而頹廢下去；而以為逆境只不過是人生的一個小坎兒的人，就會想盡一切辦法去找到一條可邁過去的路。這種人，多邁過幾個小坎兒的，就會不怕大坎兒，就能成大事。通往成功的道路從來就不會是一帆風順的，人生必須渡過逆流才能走向更高的層次，最重要的是永遠看得起自己。當人生遭遇逆境的時候，你要直面挫折，挺直脊樑，以昂揚的鬥志和積極的心態，從逆境中闖出來。

西點軍校這樣教育學員：「面對逆境你必須振作精神，跟命運搏鬥，只有把痛苦化為力量，才能有所建樹。成功者大都起始於不好的環境並經歷許多令人心碎的掙扎和奮鬥。他們生命的轉捩點通常都是在危急時刻才降臨。經歷了這些滄桑之後，他們才具有了更健全的人格和更強大的力量。」

明代洪應明在《菜根譚》中說過一段耐人尋味的話：「橫逆困勞，是鍛鍊豪傑的一副爐錘，能受其鍛鍊者則身心交益；不受鍛鍊者則身心交損。」

如果一個人生活太優裕，人生之路太過順暢，那麼他的身心便不能承受重壓，他的意志將無法抗擊風暴，一旦遭到坎坷和挫折，往往會一籌莫展，駐足不前，甚至長期地沉落在苦悶之中。一個人只有在磨難和挫折裡成長，才能具備應付逆境的意志和駕馭生活的能力，

人生的風雨是立世的訓喻；
惡劣的境遇是人生的老師。

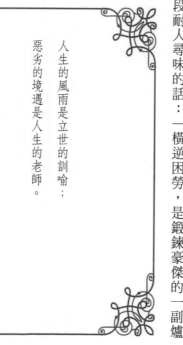

面對人生中的大小磨難，他會無所畏懼，勇往直前。

對一個人身體的磨難有時還讓人可以忍受，但一個人往往被精神的磨難擊垮。也許一個人面臨的最大逆境就是走一條沒人認可的道路，沒有人支持、孤獨地前行，甚至做出了成績卻無人為自己喝彩。精神的折磨與壓抑最容易讓人再無站立起來的信心。

成大事者往往會心胸豁達，以風清月明的態度，從從容容地對待別人不公正的批評。這是因為他們相信天空是寬廣的，走過去，前面便是一片藍天。一個人在生活、工作、學習以及與他人交往中，總不免被人批評，受人指責。

美國許多成就卓越的著名人物都被人罵過：

美國的國父喬治・華盛頓曾經被人罵做「偽君子」、「大騙子」和「只比謀殺犯好一點。」

《獨立宣言》的撰寫人湯瑪斯・傑弗遜曾被人罵道：「如果他成為總統，那麼我們就會看見我們的妻子和女兒，成為合法賣淫的犧牲者；我們會大受羞辱，受到嚴重的損害；我們的自尊和德行都會消失殆盡，使人神共憤。」

格蘭特將軍在帶領北軍贏得第一場決定性的勝利、成為美國人民的偶像之後，卻遭到嫉妒、逮捕、羞辱，被奪去兵權。威廉・布慈將軍被人誣告他侵占了某位女性募捐而來為救濟窮人的800萬元的捐款。這些人非但沒有被批評、辱罵所嚇倒，反而更加保持樂觀和自信的態度，做出了影響深遠的成就。

在你被人惡意批評時請記住，他們之所以做這種事情，是因為這件事能使他們有一種自以為重要的感覺，這通常也就意味著你已經有所「成就」，而且值得別人注意。你應該記住哲學家叔本華的話：「庸俗的人在偉大的錯誤和愚行中，得到最大的快感。」

多年前有位《太陽報》的記者參觀了卡耐基的成人教育的示範班，後來在報上撰文諷刺卡耐基。卡耐基在看了報紙之後怒不可遏，認為那是最大的人身攻擊，便立刻打電話到報社去抗議，要求他們刊登事實，而不是譏誚。卡耐基譴責他們這種做法太傷人了。時至今日，卡耐基對當初自己的反應只覺汗顏。現在卡耐基瞭解了，買那份報紙的人有一半不會注意到那篇文章，另外看過文章的那些人，半數也只當它是茶餘飯後的消遣而已，看過就算了，沒有人會記得它多久。

卡耐基給我們總結道：別人不會注意你、注意我，注意人家怎麼說我們，他們心心念念、想的都是自己。他們寧可關心自己的一點皮毛之傷，也不會在意你我的死活。我們只是一些不相干的其他人而已。

卡耐基認為，雖然我們不能禁止別人對自己有不公平的責難，但是卻可以決定要不要讓那些不公平的責難困擾自己。情感智商高的人，往往從積極的方面去理解別人的批評，包括那些

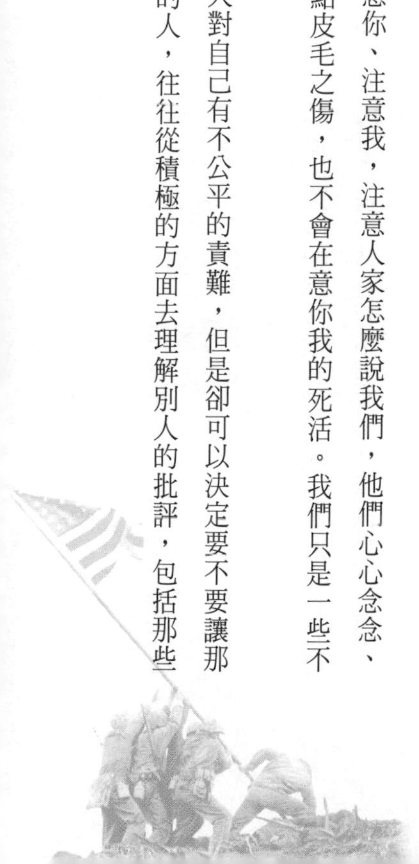

不公正的責罵。他們會把別人的批評，看作是改進自己的工作、完善個性、克制情緒、提高心理承受力以及激發鬥志的機會。

在美國歷史上，林肯總統恐怕是受人責難、怨恨、誣陷和批評最多的總統。也許應付批評的最佳典範該推林肯總統才是。南北戰爭期間，國事艱難，林肯若不是有一套應付批評之道，只怕不等戰爭打完，他已經先垮了。

他應付批評的那一段話已成了經典之作，麥克阿瑟將軍把它當做座右銘，邱吉爾也當它是傳世箴言，高掛在自己書房的牆上。林肯是這麼說的：

「別說是回答，就算是我試著去聽每一句攻擊我的話，那麼這裡早就焦頭爛耳了。我只能做到我所知道的最好的地步，盡力而為而已，而且我將堅持到底。如果事後證明我是對的，那麼所有反對我的意見都無關緊要了。如果證明我是錯的，那麼就算有一打天使宣稱我是對的，又有什麼差別呢？」

林肯不僅能正確應付別人不公正的批評，而且從來不以他自己的好惡來批判別人。如果有什麼任務待做，他也會想到他的敵人可以做得像別人一樣好。如果一個以前曾經羞辱過他的人，或者對他個人有不敬的人，卻是某個位置的最佳人選，林肯還是會讓他去擔任那個職務，就像他會委派他的朋友去做這件事一樣。

而且，他也從來沒有因為某人是他的敵人，或者因為他不喜歡某個人而解除那個人的職務。在林肯所任命的高職位的人物中，有不少是曾經批評過他的人。但林肯相信：沒有人會因為他做了什麼而被歌頌，或者因為他做了什麼或沒有做什麼而被罷黜。因為所有的人都受條件、情況、環境、教育、生活習慣和遺傳的影響，使他們成為現在的這個樣子，將來也永遠是這個樣子。

曾任美國華爾街40號美國國際公司總裁的馬歇爾．布拉肯先生在回憶受批評的經歷時說：

我早年對別人的批評非常敏感。我當時急於讓公司的每個人都覺得我是十分完美的。如果他們有一個人不這樣認為的話，我就感到憂慮，於是我會想辦法去取悅他。可是我討好他的結果，又會使另一個人生氣；而等我想滿足這個人的時候，又會使其他一兩個人生氣。最後我發現，我越想去討好別人，以免去他們對我的批評，就越會使我的敵人增加。因此我對自己說：「只要你超群出眾，你就一定會受到批評，所以還是趁早習慣的好。」這一點對我的幫助很大。從那以後，我就決定凡事盡力而為，然後張一把心靈的保護傘，躲開非難的雨滴，不讓它沿著我的脖子滑落，濕透全身。

羅斯福總統的夫人曾向她的姨媽請教對待別人的不公正的批評有什麼秘訣。她的姨媽說：

「不要管別人怎麼說，只要你自己心裡知道你是對的就行了。避免所有批評的唯一方法就是只管做你心裡認為對的事——因為你反正是會受到批評的。知道自己在做什麼是很重要的，別人如何看待你的工作、決定、努力、動機或成就，這些都不要緊，因為只有我們自己最清楚自己所作所為的重要性。即使在上帝面前，我們也必須依據自己的價值觀及信念來評估自己一生的作為。」

面對非議卻堅定自己的信念，堅持自己的選擇，你就已經具備了衝破逆境的桎梏，走向成功的精神力量。人言並不可畏，挫折只是暫時，只有經歷風雨才能見到天邊美麗的彩虹。

荷馬是古希臘偉大的詩人，《荷馬史詩》是全人類的文化遺產，而荷馬本身的經歷同樣是人類歷史上不可多得的精神財富。西元前870年，荷馬出生於希臘境內小亞細亞的一個世襲貴族家庭，從小就受到良好的教育。然而，正所謂天妒英才，幸運的女神並沒有一直青睞這個孩子。就在他風華正茂的少年時代，小亞細亞城邦發生了一場可怕的瘟疫，這場災難整整持續了半年多，一個又一個鮮活的生命被死神帶向了黑暗的深淵。荷馬也不幸染上了瘟疫，父母請來了最好的醫生為他診治，然而雖然荷馬的生命保住了，但他一雙明亮的眼睛卻永遠失去了光彩。

面對命運的不公，荷馬曾選擇了放棄，但母親的一席話讓他又重燃生命之火，「厄運是魔鬼，它奪走了你的光明。厄運也是天使，它是一座深不可測的寶藏。要在厄運中趕走魔鬼、擁抱天使，最重要的美德就是堅韌。」

經過3年的學習，聰慧的荷馬已經比較熟練地掌握了彈琴的技巧，並且學會了用詩歌來吟唱故事。他的琴聲和歌聲都極有魅力，很快就引起了人們的關注。為了吟唱詩歌和收集古老的故事，17歲的荷馬離家遠行。從此，他風餐露宿，歷盡千辛萬苦，走遍了整個希臘的大地。在廣泛收集民間故事的基礎上，荷馬用自己豐富的想像力和非凡的文學才華，創作出了兩部史詩——《伊利亞特》和《奧德賽》，這兩部永留青史的輝煌史詩，成為了人類文明中的一支奇葩，它的光輝永遠照耀著人們的心靈。

面對逆境這條人生的畏途，不同的人有著不同的觀點和態度。就悲觀者而言，逆境是生存的煉獄，是前途的深淵；就樂觀的人而言，逆境是人生的良師，是前進的階梯。逆境如霜雪，它既可以凋葉摧草，也可使菊香梅豔；逆境似激流，它既可以溺人殞命，也能夠濟舟遠航。

逆境具有二重性，就看人怎樣正確地去認識和把握。古往今來，凡立大志、成大功者，往往都飽經磨難，備嘗艱辛。逆境成就了「天將降大任者」。如果我們不想在逆境中沉淪，那麼我們便應直面逆境，奮起抗爭，只要我們能以堅忍不拔的意志奮力拚搏，就一定能衝出逆境。

費希特在年輕時，曾去拜訪大名鼎鼎的康德，想向他討教，不料康德對他很冷漠，拒絕了

他。費希特求教無門，但他並沒有灰心，也不怨天尤人，而是從自己身上找原因。他想：我沒有成果，兩手空空，人家當然怕打攪嘍！我為什麼不拿出成果來呢？

於是他埋頭苦學，完成了一篇《天啟的批判》的論文，呈獻給康德，並附上一封信。信中說：「我是為了拜見自己最崇拜的大哲學家而來的，但仔細一想，對本身是否具有這種資格都未審慎考慮，使我感到萬分抱歉。雖然我也可以索求其他名人的函介，但我決心毛遂自薦，這篇論文就是我自己的介紹信。」

康德細讀了費希特的論文，不禁拍案叫絕。他為其才華和獨特的求學方式所震動，便決定「錄取」，親筆寫了一封熱情洋溢的回信，邀請費希特前來一起探討哲理。由此，費希特獲得了成大事者的機會，後來成為了德國的著名的教育家和哲學家。

但凡一個傑出的人物，都產生在重重的磨難裡，產生在十分惡劣的人生境況之下。人生的風雨是立世的訓喻，惡劣的境遇是人生的老師。

瑞典科學家阿列紐斯於1882年在瑞典科學院物理學家愛德龍德的指導下，進行了測定電解質導電率的研究工作。他把測定結果寫成一篇博士論文寄給母校烏普沙拉大學，由於該校學位評議委員會的成員們還不理解論文的深刻意義，因而錯誤地將其評為四等。「四等」就意味著參加博士遴選的失敗。

但是，阿列紐斯在逆境面前沒有退卻，沒有消沉，他將這篇落選的博士論文和一封附信一起寄給了德國加里工學院的物理化學家奧斯特瓦爾德。奧斯特瓦爾德在仔細地閱讀了論文和來信後，被深深地打動了，連呼「真了不起」。

1884年8月，他親自去瑞典訪問了阿列紐斯，對那篇落選的論文給予了高度的評價，並代表加里工學院授予他博士學位。阿列紐斯在此基礎上繼續努力，1903年因這一成就獲得了諾貝爾獎。

人間不平事，不知有多少。逆境吞噬意志薄弱的失敗者，而常常造就毅力超群的事業成功者。矢志進取的人，面對逆境沒有抱怨，沒有煩惱，沒有退卻。這是因為他們深信，風雨過後必能見彩虹。從逆境中奮起，靠你堅定的意志和決心，不斷鬥爭拚搏，不因為疲倦和失敗停止前進的腳步，這樣你就能最終獲得成功的獎賞。

36 萬事皆由人的意志創造

西點軍校經營管理顧問考克斯說：「如果我們用你渡過最艱苦時刻的狀態去應對現在的困難，你將會很快渡過面前的這個難關。」

人的意志力擁有無限的潛力，它可以創造出超乎人想像的奇蹟。取得卓越成就的人，無一不是具有超強意志力和控制力的人。他們飽受挫折，但是卻越挫越勇，以更加飽滿的昂揚鬥志向著既定的目標大步前行，所以他們總能達到勝利的彼岸。

意志堅強的人用「世上無難事」的人生觀來思考問題，越是遭受悲痛打擊，越是表現得堅強。他們能把痛苦化為力量，振作精神，繼續奮鬥。不屈服挫折和命運的挑戰精神，使人成為世人所敬仰的強者。

托爾斯泰在他的散文名篇《我的懺悔》中講了這樣一個故事：一個男人被一隻老虎追趕而

掉下懸崖，慶幸的是，在跌落的過程中他抓住了一棵生長在懸崖邊的小灌木。此時，他發現，頭頂上，那隻老虎正虎視眈眈，低頭一看，懸崖底下還有一隻老虎，更糟的是，有兩隻老鼠正忙著啃咬懸著他生命的小灌木的根鬚。絕望中，他突然發現附近生長著一簇野草莓，伸手可及。於是，這人拽下草莓，塞進嘴裡，自語道：「多甜啊！」

在生命的進程中，當痛苦、絕望、不幸和危難向你逼近的時候，你是否還能顧及享受一下野草莓的滋味？你是否擁有這樣的意志和信心把苦難變為快樂？意志是靈魂的一種傑出的力量，它能使一個人在任何情況下都勇敢地面對人生，無論遭遇到什麼，都保持不屈的奮鬥精神。對於成功者而言，他們有一種「非成功不可」的意志，所有困難，所有自己現有的缺陷，都不構成放棄追求成功的理由。

人的意志力可以創造奇蹟，它讓你在痛苦之中也能品味人生的甘甜。不知苦痛，怎能體會到快樂？痛苦就像一枚青青的橄欖，品嘗後才知其甘甜，但這品嘗需要意志來支撐！

二戰期間，一位名叫伊莉莎白·康黎的女士在慶祝盟軍在北非獲勝的那一天，收到了國際部的一份電報，她的侄兒，她最親愛的一個人死在了戰場上。

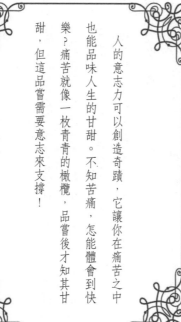

她無法接受這個事實，她決定放棄工作，遠離家鄉，把自己永遠藏在孤獨和眼淚之中。

正當她清理東西，準備辭職的時候，忽然發現了一封早年的信，那是她侄兒在她母親去世時寫給她的。信上這樣寫道：

「我知道妳會撐過去的。我永遠不會忘記妳曾教導我的：不論在哪裡，都要勇敢地面對生活。我永遠記著妳的微笑，像男子漢那樣，能夠承受一切的微笑。她把這封信讀了一遍又一遍，似乎他就在她身邊，一雙熾熱的眼睛在望著她：妳為什麼不照妳教導我的去做。」

康黎打消了辭職的念頭，一再對自己說：我應該把悲痛藏在微笑裡，繼續生活，因為事情已經是這樣了，我雖沒有能力去改變它，但我有能力繼續生活下去。

我們經常看到脆弱的生命不堪一擊，看到許多美麗人生尚未開始便墮入無盡的黑暗，有限的你我在無限悲劇命運的面前，讓人不能不在沉重的痛苦中苟且生存。人生是一張單程車票，一去無返。

在荷蘭首都阿姆斯特丹的一座*15*世紀的教堂廢墟上留著一行字：

事情是這樣的，就不會那樣。藏在痛苦泥潭裡不能自拔，只會與快樂無緣。人必然走向死亡，但不能等待死亡，在死神奪去生命色彩之前，何妨盡情塗抹自己的人生畫布，這樣才不枉來世一遭。但告別痛苦的手得由你自己來揮動，享受今天盛開的玫瑰的捷徑只有一條：堅決與過去分手。

堅強的意志是一個人成功的根本保證，大凡成功人士，他們都擁有遠大的理想和高遠的志向，而且他們在自己人生的道路上絕對不會因為困難而退縮。

霍英東出身於貧苦家庭。在苦難中長大成人的他，進入社會後的第一份工作是在一艘舊式的渡輪上做往煤爐裡加煤的工作，然而這份工作沒有持續多久他便失業了。隨後霍英東在啟德機場當苦力，每天僅能拿到七角半薪資及半磅米。當霍英東回憶這段往事時說：「為了省錢，每天清晨5時就由灣仔步行至天皇碼頭，坐一角錢的船過九龍，再騎腳踏車到啟德機場。」然而命運再次與他開了個玩笑：一次工作時由於體力不足，他在扛貨時，一隻手指被壓斷了，等待他的是又一次被解雇的現實。

此後，霍英東曾應徵做鐵匠，卻因為太瘦弱而沒有成功；他又上船做鍋釘的工作，但很快再次被炒魷魚；接下來，他又到太古糖廠做試糖的工作。連接不斷的失敗並沒有擊垮霍英東，反而磨練了他的意志，培育了他堅強的性格。終於在近而立之年，霍英東迎來了命運的轉機，在韓戰期間他將大陸急需的物資與藥物運送過來，不僅救國家於困難之中，並且在幾年內就累積了一大筆的資金。後來，他又向地產業進軍，並參與航運業、娛樂業經營，終於躋身華人超級富豪的行列。

惠特曼說過：「只有受過寒凍的人才感覺得到陽光的溫暖，也惟有在人生戰場上受過挫敗、痛苦的人才知道生命的珍貴，才可以感受到生活之中的真正快樂。」

中國有句老話叫「禍兮福之所倚，福兮禍之所伏」，成功與失敗一體兩面，最終你將走向哪一方，則看你的意志，萬事皆由人的意志創造。

艾柯卡是美國汽車業的傳奇人物，而他的奮鬥經歷更是在美國家喻戶曉，激勵著年輕人不斷向成功邁進。

艾柯卡的父親尼古拉於1902年從義大利來到美國，後來在賓夕法尼亞州定居，並加入了美國籍。尼古拉從小喜愛汽車，很早就擁有一輛福特汽車公司最早期的產品——福特T型車。平時一有空就擺弄那部汽車。這一嗜好無疑也傳給了兒子。

早期的義大利移民在美國倍受歧視，艾柯卡是個有骨氣的人，在學校裡一直奮發向上。艾柯卡從美國利哈伊大學取得了工程技術和商業學兩個學士學位。後又在普林斯頓大學獲碩士學位，其間，還選修過心理學。

1946年8月，21歲的艾柯卡到福特汽車公司當了一名見習工程師。但是他最感興趣的工作不在技術而在行銷，他把這個想法告訴了主管，卻被拒絕，但他堅持自己的理想終於讓公司妥協，分派他當了一名推銷員。

1949年，艾柯卡當上了賓夕法尼亞州一個小地區的經理，他的任務是同當地的汽車商取得密切合作。這是他一生中一個重要的階段。在此期間，艾柯卡受到了福特公司東海岸經理查利·比徹姆的重要影響。他也是工程師出身，後來轉入推銷和市場工作。查利有對艾柯卡說：「為什麼垂頭喪氣？總有人要得最後一名的，何必如此煩惱！但請你聽著，可不要連續兩個月得最後一名！」

在查利的激勵下，艾柯卡想出了一個推銷汽車的絕妙辦法：誰購買一輛1956年型的福特汽車，只要先付20%的貨款，其餘部分每月付56美元，3年付清。這樣，一般的消費者都負擔得起。艾柯卡把這個辦法稱為「花56塊錢買五六型福特車」。這個廣告口號像火箭升空一般受到人們的矚目。

僅僅3個月時間，艾柯卡從原來的末位扶搖直上，銷售勢頭一躍而居榜首。他受到了當時的副總經理麥克納馬拉的賞識，在全國推廣他的辦法，並提升他為福特總公司車輛銷售部主任。

艾柯卡在福特的事業青雲直上，他主持設計了全新的「野馬」汽車，1965年「野馬」車的銷售量打破了福特公司的紀錄。「野馬」車大功告成。艾柯卡靠自己的奮鬥，終於當上了福特公司的總經理。當時，艾柯卡真有點兒得意忘形。

然而1978年7月13日，他被大老闆亨利・福特開除了。艾柯卡幾乎把整個事業生涯都奉獻給了福特，這次變故讓他無所適從。

他被解雇之後，彷彿他在世界上已不復存在。「野馬之父」一類的話再也聽不到了。昨天他還是英雄，今天卻好像成了痲瘋病患者，人人遠而避之。他開始喝酒，對自己失去了信心，認為自己要徹底崩潰了。

但是艾柯卡沒有向命運屈服，他對自己說：「艱苦的日子一旦來臨，除了做個深呼吸，咬緊牙關盡其所能外，實在也別無選擇。」

艾柯卡沒有倒下去。他接受了一個新的挑戰——應聘到瀕臨破產的克萊斯勒汽車公司出任總經理。當時，許多大公司諸如洛克希德、國際紙業公司等，都對他發出過邀請。但艾柯卡認為，54歲是個尷尬的年齡：退休太年輕，在別的行業裡另起爐灶又太老；況且汽車的一切已經在他的血液裡流動了。因此，他還是選擇了汽車業這一老行當。艾柯卡，這位在世界第二大汽車公司當了8年總經理的人，憑他的智慧、膽識和魄力，大刀闊斧地對企業進行了整頓、改革，並向政府求援，舌戰國會議員，取得了巨額貸款，重振企業雄風。

艾柯卡主持了K型車的製造計畫，經歷了艱難困苦之後，憑藉著艾柯卡和他的團隊的頑強意志終於成功了。K型車的推出，使克萊斯勒起死回生，使這家公司名副其實地成為在美國僅次於通用汽車公司、福特汽車公司的第三大汽車公司。

1983年8月15日，艾柯卡把他生平僅見的面額高達8億1348萬多美元的支票，交給銀行代表手裡。至此，克萊斯勒還清了所有債務。而恰恰是5年前的這一天，亨利・福特開除了他。1984年，艾柯卡用他慣有的表情和手勢，宣布克萊斯勒公司這一年盈利24億美元——打破了公司歷年紀錄的總和。

人的意志力可以創造奇蹟，它讓你在痛苦之中也能品味人生的甘甜。不知苦痛，怎能體會到快樂？痛苦就像一枚青青的橄欖，品嘗後才知其甘甜，但這品嘗需要意志來支撐！

意志力可以產生這樣一種力量，一種自為地進行自我激勵的力量，我們靠意志力激發自己、鼓勵自己，自己激發自己的動機，充實動力源，使自己的精神振作起來。而這種自我激勵又反過來培養了意志力，激發你成功的信心與欲望，從而使你具備一往無前的動機。

美國心理學家詹姆士的研究顯示，一個沒有受到自我激勵的人，僅能發揮其能力的20％—30％，而當他受到這種激勵時，其能力可以發揮出90％，相當於前者的3—4倍。可見，自我激勵不僅對培養意志力，而且對開發潛能也大有影響。

在現代社會中，學會自我激勵是很重要的，這是因為劇變的社會既為人們創造了大量的發展機會，也為人們設置了種種的「陷阱」。當人們處於順境時，一般容易興高采烈，甚至忘乎所以；而當人們陷於逆境時，往往不知所措、消極悲觀。想做一番事業，闖出一點成績來，也許就會有許多意想不到的事情發生。挫折、打擊會突然降臨到你的頭上，流言蜚語、造謠中傷

會接踵而來，如果碰到一些很會耍心計、玩權術的頂頭上司，那麼難堪的小鞋、莫名其妙的打擊，就會一個接一個。此時，尤其需要自勵，使自己保持一顆平常心，重新取得心理平衡，使精神振作起來，保持自己旺盛的鬥志。

對於那些意志力不是很強，稍有一點「風吹草動」、稍稍遭到失敗就無法忍受的人，特別需要使用自我激勵這種輔助手段來培養意志力。我們必須首先學會正確認識自己。古人曰：「君子不患人之不己知，患不自知也。」認識自己就是認識自己的長處和短處，不將長處當短處，不將短處當長處，絕不護短，決不自己原諒自己。只有知道自己遭到失敗、挫折的原因在哪兒，才會有的放矢地重新起步，也才有可能培養你的意志力。

認真反省是認識自我的一個關鍵。自我激勵的重要因素是要自己看得起自己。有許多人有這樣一個毛病：風平浪靜時，自貴、自愛甚至自誇得不得了，一遇到問題，就妄自菲薄、自暴自棄、消極頹廢，有時甚至還想用一些激化矛盾的方式進行對抗。

為什麼會這樣？其實就是因為自己的內心過於自卑，過於自餒，認為自己這也不行那也不行，什麼都幹不了。因此一定要自尊，要採取確切來措施自己幫助自己，這是自我激勵得以實現的重要方法。也就是說，在遇到挫折失敗之後，在認真吸取教訓的基礎上，重新設定奮鬥目標，採取一些確實可行的措施，擬定可行性的計畫，用一點一點的成功來激勵自己，用社會的承認來增強信心，腳踏實地，一步一步前進。只要你認真地抱著希望：「我希望自己能成功」，或是「我希望自己成為首屈一指的人」，你就一定能找到成功的方法，這就是「賈金斯法則」。

賈金斯博士說：「睡眠之前留在腦海中的知識或意識，會成為潛意識，深刻地留在自己的腦海中，並可轉化成行動力。」我們可將賈金斯法則應用在自我激勵和意志力的培養上面。如果你認為自己的意志薄弱，那就對自己說：「我一定可以加強自己的意志。」意志力的培養就是在生活的點滴中進行的。

意志力產生自我激勵的力量，自我激勵培養鍛鍊了本身的意志力，透過這樣的相互作用，一個人將獲得強大的精神力量，面對任何困難都可笑看風雲，從容應對。鋼鐵般的意志造就鋼鐵般的人生，鋼鐵般的人生才能奏出生命最強音。相信自己，超越命運，用你的意志去創造奇蹟。

商海巨擘

01	台灣首富郭台銘生意經	穆志濱	定價：280元
02	投資大師巴菲特生意經	王寶瑩	定價：280元
03	企業教父柳傳志生意經	王福振	定價：280元
04	華人首富李嘉誠生意經	禾　田	定價：280元
05	贏在中國李開復生意經	喬政輝	定價：280元
06	阿里巴巴馬　雲生意經	林雪花	定價：280元
07	海爾巨人張瑞敏生意經	田　文	定價：280元
08	中國地產大鱷潘石屹生意經	王寶瑩	定價：280元

57	最神奇的經濟學定律	黃曉林黃夢溪	定價：280元
58	最神奇的心理學定律	黃 薇	定價：320元
60	魅力經濟學	強宏	定價：300元

國家圖書館出版品預行編目資料

西點軍校 36 菁英法則 / 楊雲鵬 著一 版.
-- 臺北市 :廣達文化, 2012.1
; 公分. -- （文經閣）(文經書海 66）
ISBN 978-957-713-488-2(平裝)
1.美國西點（Western Point Academy） 2.軍事教育
596.7 100023430

西點軍校36菁英法則

榮譽出版：文經閣

叢書別：文經書海 66

作者：楊雲鵬 編著
出版者：廣達文化事業有限公司
Quanta Association Cultural Enterprises Co. Ltd
發行所：臺北市信義區中坡南路路 287 號 4 樓
電話：27283588 傳真：27264126 E-mail：*siraviko@seed.net.tw*
劃撥帳戶：廣達文化事業有限公司 帳號：19805170

印 刷：卡樂印刷排版公司 裝 訂：秉成裝訂有限公司

代理行銷：創智文化有限公司
23674 新北市土城區忠承路 89 號 6 樓
電話：02-2268-3489 傳真：02-2269-6560

CVS 代理：美璟文化有限公司
電話：02-27239968 傳真：27239668

一版一刷：2012 年 1 月

定 價：320 元

書山有路勤為徑，學海無涯苦作舟

書山有路勤為徑，學海無涯苦作舟